全球难以征服的 100 个 探险地

探索之旅编委会 编著

北京出版集团公司

北 京 出 版 社

图书在版编目（CIP）数据

全球难以征服的100个探险地 / 探索之旅编委会编著 . —
北京 ：北京出版社，2016.4
ISBN 978-7-200-12062-2

Ⅰ . ①全… Ⅱ . ①探… Ⅲ . ①自然地理—世界—普及
读物②旅游指南—世界 Ⅳ . ① P941-49 ② K919

中国版本图书馆 CIP 数据核字（2016）第 074581 号

全球难以征服的 100 个探险地
QUANQIU NANYI ZHENGFU DE 100 GE TANXIANDI

探索之旅编委会 编著

*

北 京 出 版 集 团 公 司
北 京 出 版 社　出版

（北京北三环中路 6 号）
邮政编码：100120

网　　址：www.bph.com.cn
北 京 出 版 集 团 公 司 总 发 行
新 华 书 店 经 销
北 京 华 联 印 刷 有 限 公 司 印 刷

*

787 毫米 ×1092 毫米　16 开本　18 印张　373 千字
2016 年 4 月第 1 版　2018 年 3 月第 2 次印刷
ISBN 978-7-200-12062-2

定价：49.80 元
如有印装质量问题，由本社负责调换
质量监督电话：010-58572393

前言

　　探险，是人类探求未知世界的原始冲动，也是使人类文明更发达的内在动力，它隐藏在我们每一个人的内心深处。年少的时候，我们会变得躁动，变得想要去征服远方和探索未知，在我们的潜意识里，渴望证明自己是年轻的、自信的、不服输的，这其实就是探险的本质。

　　如果我们的内心始终迸发着热情，那么即使年华老去，依然可以拥有一颗朝气蓬勃的心。因为，我们的心中依然流淌着探险的血液。

　　是的，周游世界、探索未知的事物，我们将要走遍地球的每个角落，将我们的身影投射在世界的每一寸土地上，就像300年来西方的探险家一样。所以，就有了这本书，我们寻遍了世界顶级的探险地，只为满足探险爱好者那颗躁动的心。

　　这里有漫漫荒漠，炎热缺水，毒蛇猛兽，如此恶劣的环境使得每年都有探险者丧命于此。还有原始森林，恐怖传说、巨蟒、天然奇观，对冒险者而言犹如终极乐园，然而穿越这里仍然是对生命的极限挑战。当然，探险少不了陡峭峡谷，它们如刀削斧劈，气势宏伟，一不小心，你就会粉身碎骨，但这些地质画卷依然有它们独特的一面。登山又是一种探险的方式，面对严寒、雪崩、缺氧等途中常有的情况，不少人命丧于此。而登顶并不是需要拿生命来交换的，所以要学会适可而止，及时返程。与世隔绝的荒岛则更加神秘莫测，这里有异域风情，有远古文明，当然还有置人于死地的危险动物，美丽与危机并存，是它们的特点。说起造物者，火山可是他浓重的一笔。火山会摧毁这片土地，再按照自己的意愿重塑它，其威力足以瞬间吞没整座城市。经历过这些或壮美、或浩瀚的存在，难免要换一换口味，而洞穴就是一个不错的选择。这里神秘幽静，各色动物守护着自己的领域，探险者被黑暗和恐惧包围其中，然而有精美的壁画、石柱等带来慰藉，又是另一种体验。

　　这些都是人类自从在地球上生存以来难以征服的地方，我们将它们发掘出来，只为给探险者们提供更刺激的探险地。现在，就开始这伟大的探险之旅吧！

目录

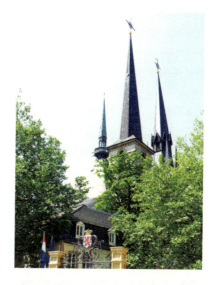

第三章　峡谷寻幽

第四章　高山览胜

第五章　荒岛求生

第六章　火山探秘

第七章　洞穴猎奇

第一章

荒漠穿越

无边无垠的沙漠，

处处充满了惊险和挑战。

去挑战大沙漠，

几乎是每一个探险者的愿望。

在沙漠面前，

人类是多么渺小。

但看似渺小的人类，

却用坚忍不拔的毅力和吃苦耐劳的精神，

去穿越沙漠，征服沙漠。

左图：火焰山山体沟壑林立，曲折雄浑，寸草不生

地理位置：非洲中南部

探险指数：★★★★☆

探险内容：沙漠风景、沙漠野兽

危险因素：毒蛇，狮子、豹等大型猛兽

最佳探险时间：5-9月

卡拉哈里沙漠

空旷的野性

黄沙之中，浓密的矮树丛和高大的树林在生死边缘挣扎。它们从不屈服，以特有的气魄和神韵，释放出不可遏制的巨大能量和内在的顽强生命力，散发出令人瞩目的生命光辉。行走在沙漠中，留下了一串串足迹。夜风一吹，这些迹象都消失不见，谁能证实有人曾经来过这里？

天际苍茫，阳光炙烤着黄沙。站在边缘，向卡拉哈里沙漠内部望去，优美逶迤的沙山就像是大海掀动的波澜卷起千堆雪浪、蜿蜒起伏、雄姿奇伟；俯瞰足下，沙漠的沟沟壑壑、点点滴滴宛如精心雕琢的艺术品，千姿百态。

◼ 蓝天白云下，广阔无垠的沙漠

卡拉哈里沙漠看上去一片荒凉，却处处充满杀机。无论是懒洋洋的狮子，还是那行动慢腾腾的水牛，它们都是很危险的动物。狮子白天在树荫下悠闲地玩耍，夜晚来临，它们就变身为卡拉哈里沙漠中最凶猛的猎手。水牛看似温和，却拥有十分锋利的牛角，一旦惹怒了它们，那牛角轻而易举就能挑裂对方的身体。但它们还不足以让卡拉哈里遭受浩劫。

在数百年前的一天，一支声势浩荡的队伍从远处向卡拉哈里沙漠逼近，它们激起的尘土遮天蔽日。尚未进入沙漠，当地人就已经有了不妙的预感，因为那擂鼓一般的蹄声震耳欲聋。等他们看清这支队伍时才恍然大悟，原来是成群的跳羚正在穿越卡拉哈里沙漠，完成它们的大迁徙。望着数以百万计的跳羚排山倒海般倾覆过来，所有大沙漠的生物都吓得四处逃窜，但是无处可逃，最终被跳羚群踩在蹄下，就连凶猛的狮子和水牛都逃不过它们密不透风的羊蹄，更何况是弱小的人类。等最后一只跳羚离开，卡拉哈里沙漠陷入一片死寂，农田一片狼藉，尸体处处皆是。

▣ 在短暂的雨季中，植物繁盛，地面覆盖着丰富的草场

52℃的高温煎熬着身体，炎热同样是生命的死敌，它似乎在拖着你的躯体一步步走向地狱。广袤的大漠，死寂的沙海，还有这些令人肃然起敬的生命，无不震撼着人们的心灵。在灵魂深处，一股坚强不屈、不折不挠的精神种子落下了根，雄浑、静穆，而又美丽、销魂。在漫长的人类探险历史中，什么才是探险者最大的喜悦？那就是征服。

沿途亮点

博兹瓦纳

全名是博兹瓦纳共和国，是位于非洲南部的内陆国，也是非洲主要的旅游国之一。这里的野生动物在种类和数量上都很可观。其政府把国土的38%划为野生动物保护区，大力保护野生动物的生活环境。现在旅游业已成为博兹瓦纳第二大外汇收入来源。

乔贝国家公园

位于博兹瓦纳北部，乔贝河两岸。园域降水量丰富，植物生长非常茂密。在乔贝河流域有大片原始森林，其中生活着很多野生动物，人们可以乘坐有安全设备的汽车或小摩托艇入园观赏。

奥卡万戈三角洲野生动物保护区

奥卡万戈三角洲是一个内陆三角洲，面积之大在非洲居首位。当地政府特别注重生态保护，因此三角洲内始终保持本来的样子。在这里，你能看到大自然的丰富和美丽：小岛无数，岛与岛之间水路相连；湖泊众多，湖和湖之间陆路相隔。陆地上密林繁花，水面上芦苇成片，还有各种鸟类在这里栖息繁衍，鱼类则低调地潜伏在水里。微风拂过，无论是密林繁花，还是成片芦苇都起伏飘荡，美极了。

Tips

❶ 这里艾滋病感染率较高，应注意卫生安全。

❷ 由于这里移民较多，治安不太好，应提高警惕，注意安全。

▣ 健壮的跳羚

地理位置：美国南达科他州恶地国家公园内
探险指数：★ ★ ★ ☆ ☆
探险内容：寻找化石、北美苏族民俗
危险因素：环境恶劣、响尾蛇、草原狼
最佳探险时间：9、10 月

巴德兰兹劣地

恶与美的并存

　　刀锋般的山脊、深沟，狭窄的平顶山和无垠的荒漠，组成了一幅"劣地"景象。荒瘠的沟壑在山脊和尖峰之间蜿蜒而行，如同一条游蛇。无数的探险家被如此荒凉的"劣地"吸引，争相前往探险。

▷ 突兀的岩石缝里，冒出旺盛的植被，令人目不暇接

　　巴德兰兹劣地自从被发现以来，一直受到欧洲探险者青睐。最早到达这里以捕猎为生的法国殖民者把这里称为"荒地"，而此地地名在英文中的意思就是"恶劣的地方"。

　　面积约 1000 平方千米的巴德兰兹劣地，夏季气候炎热，让人难以忍受，而冬季又暴风骤雪，寒冷彻骨，因此环境十分恶劣。即使这样，巴德兰兹劣地依然呈现出旺盛的生命力。岩坡上，那成片的刺柏长得枝繁叶茂，盆地里和小溪边，白杨、野花和小草也生机勃勃。

事实上，在很多年前，这里曾经是一块适宜生存的地方。之所以这样说，是因为探险者和考古人士在劣地的地表下和岩层中发现了大量的生物化石，包括古老的兔子、又大又重的犀牛、剑齿猫等许多已经灭绝的物种。

即使现在环境已经变得十分糟糕，但依然有人类生活在这里，他们便是印第安人苏族部落。他们与这块土地相依为命数百年之久，所依靠的生活资源为野牛。苏族人捕捉野牛的方法很简单也很原始，就是众人合伙把牛群从悬崖上驱赶下去摔死，然后用野牛皮做衣服、裤子、毯子、帐篷等日用品，牛肉和脂肪提供身体所需的能量，牛角和骨头则被制成各种工具。野牛养活了苏族人，让他们在这片土地上生活得怡然自得。直到19世纪中期，欧洲殖民者的入侵结束了苏族人的美好生活。殖民者们不但捕捉野牛，分抢苏族人赖以生存的食物来源，还大肆捕杀其他野生动物，导致巴德兰兹劣地生态遭到严重破坏。后来殖民者退出这片土地，人们的环保意识不断加强，让这片土地得到保护。现在这里不但恢复了之前的野牛数量，其他动物的数量和种类也都在增多。

▣ 刀锋般的山脊、深沟，狭窄的平顶山，真是名副其实的劣地

▣ 月光笼罩荒野，为劣地增添了几分神秘

沿途亮点

大角羊

大角羊最独特的地方，是它威严的体态和巨大的犄角。北美的人们很喜欢把大角羊的犄角做成装饰品挂在家里。它身躯魁梧，行动却十分敏捷，这也是人们喜欢大角羊的原因之一。但这样受人喜爱的动物，却受到移民者们的威胁，他们用猎枪捕杀它们，抢夺它们的栖息地用来饲养牲畜。移民者越来越多，巴德兰兹大角羊却越来越少。

巴德兰兹国家公园

约274千米长，80千米宽，横穿南达科他州西南部的美国大平原。它在起伏不平的草原上完美地融合了岩石形成的尖顶、城堡、教堂和城垛。这里的日出和日落景观很适合拍照。

Tips

❶ 尊重当地人的风俗习惯，避免不必要的麻烦。
❷ 不要捕杀野生动物，注意保护环境，注意安全。

地理位置：中国新疆吐鲁番盆地北部
探险指数：★★★☆☆
探险内容：翻越火焰山
危险因素：酷热缺水、迷路
最佳探险时间：全年

火焰山

★★★★★★★★★★ 燃情烈焰 ★★★★★★★★★★

　　烈日当空，火焰山寸草不生，砂岩灼灼闪光，热气流翻滚上升，如熊熊烈焰般让人难以忍受，望而却步。

▣ 炽热荒凉的火焰山

众所周知唐僧西天取经，路遇火焰山阻挡去路，孙悟空三借芭蕉扇的故事。在《西游记》里，因孙悟空大闹天宫，太上老君把他放到炼丹炉里炼丹，不料七七四十九天之后，打开炼丹炉，孙悟空不但没被烧死，反而炼成了火眼金睛。他出来后，一脚踢翻了炼丹炉，火砖坠落凡间，便

形成了火焰山。熊熊烈焰，寸草不生，铜脑铁身皆会化成汁液。《西游记》将神奇色彩赋予火焰山，于是它便成了奇山。

　　火焰山形成于喜马拉雅造山运动期间，经历了漫长的地质岁月，跨越了侏罗纪、白垩纪和第三纪几个地质年代。它本是博格达山南坡前山带一个短小的褶皱，山脉的雏形形成于 1.4 亿年前，在之后的 100 万年中形成了如今的基本地貌格局。火焰山长 100 多千米，是中国最热的地方。夏季最高气温达47.8℃，地表最高温度更在 70℃以上，在沙窝里烤熟鸡蛋根本不成问题。虽然火焰山高温难耐，但其山体却是一条天然的地下水库的大坝。正是由于火焰山居中阻挡了往下渗的地下水，抬高潜水位，潜水溢出带就形成在山体北缘，泉水出露，滋润了数块绿洲，为这里的生命带来希望。

　　火焰山到底为什么这么热？据说这种酷热是来自地下煤层的自燃。专业人员在考察时发现火焰山这一带历史上确实有过烈焰熊熊的时候，这是因为构成山体的地层中含有

■ 砂岩灼灼闪光的火焰山

煤层。煤层厚达 11 米，近地表较厚的已经燃烧殆尽，留下的紫红色燃烧结疤就是最有力的证明。

史书上记载，火焰山曾是一片火海。"北庭北山，山中常有烟气涌起，而无云雾。至夕火焰若炬火，照见禽鼠皆赤。"这段描述摘自王延德的《高昌行记》，其中"北庭北山"，即为火焰山。而当唐代边塞诗人岑参第一次经过火焰山的时候，曾作诗《经火山》："火山今始见，突兀蒲昌东。赤焰烧虏云，炎氛蒸塞空。不知阴阳炭，何独燃此中。我来严冬时，山下多炎风。人马尽汗流，孰知造化功。"明代诗人陈诚也有《火焰山绝句》，可见火焰山果然名不虚传。

翻越火焰山并非易事，一定要做好充分的准备，这是一次锻炼耐力和毅力的绝佳机会。向着脚下的烈焰发出挑战吧。

沿途亮点

柏孜克里克千佛洞

始建于南北朝后朝，历时 700 年，是西域的佛教中心之一。它是吐鲁番现存石窟中洞窟最多、壁画内容最丰富的石窟群。在漫长的历史中虽然遭到破坏，但存留下来的壁画和佛座依然精美绝伦。这里遗留下来的一切都是吐鲁番曾经作为丝绸之路佛教中心的辉煌见证。

葡萄沟

全长 8 千米，这里葡萄架遍布，层层藤蔓顺势而上，形成一条条葡萄长廊。由于这里气候特殊，种出的葡萄堪称世界上最甜。喜欢吃葡萄的你怕早已垂涎不止了吧，一边吃新鲜水果，一边看维吾尔族舞蹈真是人生一大乐事。葡萄沟内设有旅游接待站，其实就是一座葡萄公园，触手可及的葡萄是为了让人随吃随取。葡萄沟就是葡萄的天下。

Tips

❶ 西北地区气温偏低，且昼夜温差大，注意防寒保暖。
❷ 西北地区紫外线照射强烈，注意防暑防晒。
❸ 不要在吃完水果后喝热茶，以免造成腹泻。
❹ 新疆是少数民族地区，宗教色彩浓厚，要尊重当地的民俗习惯。

地理位置：	中国新疆塔里木盆地
探险指数：	★★★★☆
探险内容：	文明遗址、沙漠风景
危险因素：	环境恶劣、沙尘暴、沙蟒
最佳探险时间：	春、秋、冬三季

塔克拉玛干

浩瀚无边的沙海

　　苍茫的天穹之下，无边无际的大沙漠会产生一种震慑人心的奇异力量。狂风起时，沙丘随之移动。在这里行车，就如在浩瀚海洋里荡舟。

▣ 沙漠中的交通工具——骆驼

　　塔克拉玛干沙漠位于南疆塔里木盆地中心，是中国最大的沙漠，整个沙漠东西长约 1000 千米，南北宽约 400 千米，面积达 33 万平方千米。无边无际的大沙漠，就如浩瀚的海洋一样。

　　狂风将沙吹起，沙丘随之移动。风停止

时，沙丘也停下来。风带着沙旅行，沙随着风亦步亦趋。一些金字塔形的沙丘在沙海中屹立，这些沙丘有时能高达 300 米，如同一座座小山。在塔克拉玛干沙漠里，也有少量的植物生存。它们的根系异常发达，超过地上部分的几十倍乃至上百倍，以便汲取地下的水分。这里也有动物生存，不过这里的动物有夏眠的现象。

在塔克拉玛干乘车，如同在大洋中乘船，有一种别样的感受。遗憾的是人们的视线过早落到地平线上。也许可以找一高处，登高望远。在塔克拉玛干腹地海拔 1413 米的乔喀塔格山（红白山）上眺望塔克拉玛干沙漠，则是另一种感觉，如同俯视苍生。在浩瀚的沙漠中一切都显得那么渺小。这种勾人心魄的感觉，震撼着人类的心灵。在这里，人们

▪ 胡杨静静地伫立于沙丘，千姿百态

不由得感觉到，生命中的得与失已不再那么重要。

和田河的秋景，是需要站在乔喀塔格山上看的，因为只有在那里，你才能看到一生都难以忘怀的美景：和田河从天边蜿蜒而来，又向远方逶迤而去。河的两岸长满胡杨树。秋天，胡杨树叶变成金黄色，如同给和田河镶嵌了两条金黄色的丝带，随着河流弯弯曲曲，煞是好看。

如果将全国各地的胡杨作比较，无论是胡杨之美还是胡杨之刚毅，都以新疆胡杨为冠。新疆胡杨号称"生而一千年不死，死而一千年不倒，倒而一千年不腐"。在塔里木河岸附近的沙漠中，胡杨林的气势、规模均居全国之首。轮台的胡杨林公园更是国内独一无二的沙生植物胡杨树林的观赏公园。当秋色降临，步入胡杨林，四周被灿烂的金黄所包围。洼地水塘中，蓝天白云下，胡杨的倒影如梦似幻。由此往南 100 千米，就会看到大面积的原始胡杨林，不少古老的胡杨树树干直径达 1 米以上。

胡杨的美在于它自身的沧桑。它像夕阳中的老人，纵使生命将要流逝，依然不会屈服，顽强地向前走。树干干枯、龟裂和扭曲，似乎枯萎的树身上，常常不规则地顽强伸展出璀璨金黄的生命，在恶劣的沙漠中求存。

在这里还曾经有过辉煌的历史，神秘的精绝国、弥国、货国的古城遗址在这里鲜为人知。此外，著名的丝绸之路也曾经从这里穿过。丰富的人文景观，又为这里添色不少。

沿途亮点

和田河

是塔里木河三大源流之一。它穿越塔克拉玛干沙漠，汇入塔里木河。在夏季的时候，河水上涨，在下游形成一

■ 苍茫天穹下的塔克拉玛干无边无际，于缥缈间产生一种震慑人心的奇异力量

条天然的绿色走廊，很多动物在这里栖息。在这里行走几乎和沙漠中一样，除了两岸的胡杨林，你几乎辨别不出方向。

胡杨树

这里的胡杨树，经历了沧桑，如饱经世事的老人，诉说着历史的变迁；又如饱读诗书的学士，告诉你一些不知的道理。它们静静地伫立在沙丘上，随着沙丘起伏，如同一幅风景画。千姿百态的胡杨，为大沙漠增添了许多光彩和生机。

古城遗址

在考古探险热潮的推动下，一些自称考古专家的人进入了许久不曾有人类踏足的土地。在这里他们发现了遗留下来的宝物。他们欢呼雀跃，携宝而归，轰动一时。灿烂、光辉、悠久的文明，吸引了更多的人。

Tips

❶ 携带无线通信设备。
❷ 出行前做好充分的准备。
❸ 沙漠中有沙蟒、狼等，注意安全。

■ 抗盐碱风沙的沙生植物

地理位置：中国新疆准噶尔盆地
探险指数：★ ★ ★ ☆ ☆
探险内容：风城、沙漠
危险因素：蛇、狼
最佳探险时间：1-8 月

古尔班通古特

★ ★ ★ ★ ★ ★ ★ ★ ★ ★　春暖花开的沙漠　★ ★ ★ ★ ★ ★ ★ ★ ★

冬雪消融，这里特有的短命植物迅速萌芽、开花。这时，沙漠里一片草绿花鲜，繁花似锦，把沙漠装点得生机勃勃，景色充满诗情画意。

▣ 沙漠里一片草绿花鲜，充满诗情画意

古尔班通古特沙漠里，既能看到寸草不生的茫茫沙海，也能看到绿树红柳成片的旖旎风光。前者是沙漠的常态，后者却是沙漠不可思议的风景，因此古尔班通古特沙漠与众不同。奇特的生态现象引起世人的注意，经过考察才得知，古尔班通古特是一座水源比较丰富的沙漠，所以才会出现黄沙和绿树交织的奇特风光。

从东道海子北上直达阿勒泰，有一条古驼道。沿着这条古道，便能横穿古尔班通古特沙漠。沿途能看到与众不同的沙漠景观，或是风蚀地貌，呈现千奇百怪的形态；或是绿色草原，牛羊成群，苍鹰翱翔。晴朗的天气里，有机会见识到海市蜃楼百变的幻境；而恶劣的天气里，则会与暴风惊雷和飞沙走石迎头相撞。这里的早晚温差也很大，白日里会让行人汗流浃背，一到夜里，又会寒冷刺骨。

即使是这样，探险者依然兴致盎然地踏上这条通道，因为这里有许多文化遗迹。无论是一〇五团场头道沟古城遗址、西泉冶炼遗址、烽火台，还是北庭都护府遗址、马桥古城，抑或古丝绸之路，都极为珍贵。

在这里还有著名的"风城"。位于新疆准噶尔盆地西北边缘的佳木河下游乌尔禾矿区，有一处独特的风蚀地貌，形状怪异。当地人将此城称为"苏鲁木哈克"，哈萨克人称为"沙依坦克尔西"，意为魔鬼城。魔鬼城属于典型的雅丹地貌，是受风力和流水作用的影响形成的。

□ 一望无际的沙丘蔚为壮观

亿万年以来，风侵雨蚀，沟壑纵横，山丘高低错落，石层千姿百态。这些石层被狂风雕琢成龇牙咧嘴的怪兽，危台高耸的古堡，飞檐凌空的宏伟宫殿，耸入云霄的摩天大楼，平地而起的巨型牌坊，昂首跋涉的骆驼……这些形态千奇百怪，栩栩如生，属千古杰作，蔚为壮观，令人浮想联翩。在起伏的山坡上，布满血红、湛蓝、洁白、橙黄等各色石子，宛如魔女遗珠，更添风城神秘色彩。

人世，唯有这些文物在向世人诉说他们的丰功伟绩。

防护林

古有军士们保卫边疆，今有防护林保卫家园。它们是修筑在沙漠边上的一条绿色长城，将沙海牢牢地抵御在农田外围，保护了当地的生态环境。

Tips

❶ 古尔班通古特住宿地方少，必须携带帐篷。
❷ 沙漠中非常适合野炊。

沿途亮点

驼铃梦坡沙漠公园

虽然原始而又粗犷，里面却有大量的动物和丰富的植物，因此被称为"天然的荒漠动、植物园"。在这里，不但可以在草木丛里欣赏鸟雀的美妙歌声，也能在沙海里体验徒步探险，大漠的景色在驼铃声中越发美丽迷人。驼铃梦坡沙漠公园北面紧靠古尔班通古特沙漠。

古代遗迹

荒凉的沙漠，曾经是狼烟滚滚的战场。清朝时期，左宗棠率领士兵在这里驻扎，留下烽火台以及散落在附近的军令符和古铜币等物品。时光流逝，当初的英雄豪杰早已离开

□ 沙生植物以顽强的生命力在这干旱的沙坡上生生不息

地理位置：中国新疆东南部

探险指数：★★★★★

探险内容：探寻消失的文明、自然景观和人文历史文化遗存

危险因素：迷失方向、遭遇沙暴、缺水缺粮

最佳探险时间：9、10月

罗布泊

吞噬生命的恶魔

罗布泊是一处神秘而危险的蛮荒之地，被称为中国的百慕大。从前的罗布泊，烟波浩渺，是一处水草丰美的地方，如今，只剩下满地的滚滚黄沙，如斗碎石。浩瀚无垠的戈壁、流光溢金的大漠，还有那壮美的雅丹地貌，使罗布泊成了人们争相探险的地方。

■ "消失的仙湖"如今荒无人烟，成为后人的冒险之地

余纯顺是中国最伟大的徒步探险家，他徒步罗布泊所走过的路线，是今天人们探险罗布泊的首选路线。这条路起点为库尔勒，终点为罗布泊湖心。途经胡杨沟、营盘、老开屏、前进桥、龙城雅丹群、土垠后等地。

■ 干涸的罗布泊，千年不朽的岩石，仿佛向后人倾诉昔日的辉煌

酷热、无水、沙暴是探险罗布泊面临的最大威胁。当朝阳升起，驱走夜晚的寒气之后，酷热的一天就开始了。午时，罗布泊就像一个烤炉，最高温度可达到 75℃。干涸的罗布泊到处都是盐壳，即使是汽车，行走依然艰难。人们在车内也抵挡不住酷热的侵袭。

在沙漠中，最重要的是什么？答案当然是水。在罗布泊，你找不到水源。如果携带的水不充足的话，那么你要么趁早返回，要么只能一步步地走向死亡。大自然是无情的，在沙漠中尤其显著。你一旦没有了水，就要面临死亡的威胁。

除此之外，沙暴是探险者需要面对的第二大威胁，它的来临是无法阻挡的。强劲的风卷起沙尘，形成一堵墙壁，向前推移。古人诗歌这样描述风之强劲："一川碎石乱如斗，随风满地石乱走。"探险者不得不躲避强烈的沙尘。沙尘过后，汽车上覆盖了厚厚的沙子。在沙暴肆虐的时候，最好待在原地不要乱走，否则你会迷失方向。在沙漠中迷失方向，无异于在大海中迷失航向，这两种情况都是极度危险的。

夜晚降临，酷热也悄悄引退。探险者开始补充能量，吃饱喝足之后，躺在帐篷里休息，或在帐篷外欣赏夜色。荒漠中的夜色与城市中的夜色截然不同。月亮升起，繁星闪烁，夜晚异常安静。一切都是那么祥和，仿佛白天的沙暴不曾来过一般。

沿途亮点

汉代烽火台

如果按照修建长城的意义来看的话，这个烽火台就是西长

▫ 沧桑的土堆孤零零地站在那里，似乎在遥望丝绸之路上人们的归来

城的起点。它距离库尔勒 60 千米，沿疏勒河南岸，由东
向西延伸。这处遗迹保存比较完整，对于考古具有重要的
意义。

龙城雅丹

是中国最神秘的雅丹地貌。至今还没有人完全见到过龙城
雅丹的真貌，只是知道它位于罗布泊北岸。土台群皆为东
西走向，呈长条土台，远看像一条游龙，是罗布泊三大雅
丹群之一。

余纯顺墓

余纯顺是一位伟大的徒步旅行者，他探索了很多地方。
1996 年 6 月，余纯顺在单独徒步穿越罗布泊时，遭遇沙
暴，不幸殒命。到罗布泊探险的人，几乎都会到这里驻足
叹息，缅怀一下他的勇气和精神。

罗布坡湖心标志

原本是一位工程师根据地图经纬度测量的湖心地点。虽然
没人去实地考证，但如今也成了一道景观。从 1997 年在
标志处埋下一个空汽油桶开始，这里便成了罗布泊探险者
留下纪念物的一个地方。

Tips

❶ 4—8 月平均温度可高达 50℃，风大时，天昏地暗，
飞沙走石，当地人都不敢轻易进入。一般探险队、考
察队前往罗布泊都避开此季节。

❷ 进入者须有充足的给养，良好的车辆装备，必备
GPS 导航、无线电通信、发电机等。因为高温，也要
注意防止中暑，多携带盐水饮料。最好有熟悉当地情
况和道路、方向的向导。

❸ 集体进入时，个人要遵守队伍纪律，切忌单独离队行走。
因缺少医疗条件，有慢性病者不适宜进入该地区。

▫ 渐渐消失在罗布泊中的楼兰古国遗址

地理位置：中国内蒙古西部
探险指数：★ ★ ★ ☆ ☆
探险内容：自然景观、人文历史
危险因素：沙暴、狼群、蚊虫
最佳探险时间：8-10 月

巴丹吉林沙漠

世界鸣沙王国

在沙漠之中，高耸入云的沙山，神秘莫测的鸣沙，静谧的湖泊、湿地，这些如同梦幻的画卷一样。

巴丹吉林是蒙古语，因一居民点而得名。这块被称为"上帝画下的曲线，苍天缔造的神奇"之地总面积为 4.43 万平方千米，沙漠东部和西南边沿，茫茫戈壁一望无际，形状怪异的风化石林、风蚀蘑菇石、蜂窝石、风蚀石柱、大峡谷等地貌令人叹为观止。生动记录狩猎和畜牧生活的曼德拉山岩画，被称为"美术世界的活化石"。而其西北部还有 1 万多平方千米的沙漠至今没有人类的足迹。

巴丹吉林沙漠是世界沙山最高、最密集的沙漠，也是中国最美的沙漠之一。其中宝日陶勒盖的鸣沙山高 200 多米，峰峦陡峭，沙脊如刃，高低错落，沙子下滑的轰鸣声响彻数千米，有"世界鸣沙王国"之美称。如果因为挑战难度低而不能理解尼泊尔为什么被称为"徒步天堂"，那么你可以尝试在巴丹吉林徒步，之后你一定能够理解，即便它美得让人窒息。

巴丹吉林沙漠分为两大块，一块是西北部 1 万多平方千米的区域，那里至今无人进入过。而另一块则是一望无际的东部和西南

□ 受风力作用，沙丘呈现巍巍古塔之奇观

部区域，这里的曼德拉山岩画上记载和刻画了古人的生活场景，被称为"美术世界的活化石"。

巴丹吉林沙漠虽然干旱，却有令人叹为观止的五大奇绝景观，统称为"巴丹吉林五绝"：寺庙、神泉、湖泊、奇峰、鸣沙。这些绝色美景给巴丹吉林沙漠蒙上一层奇幻的色彩。

一般的沙漠都被称为死亡之海，因其干旱很难有生命存活，但巴丹吉林却是一座生机盎然的沙漠。虽然这里酷热与严寒同在，干旱与荒瘠并存，却依然生活着多种多样的动、植物。它们之所以能够生存，完全得益

□ 一排骆驼站在沙丘上，它们是沙漠中另一道流动的风景

□ 清澈甘甜的湖水，还有美丽的绿色，为沙漠平添了几分
生命的痕迹

于沙漠里的湖泊。巴丹吉林沙漠不但养育着大量动、植物，也哺育了牧民。数以百计的牧民一直在巴丹吉林沙漠里生活，巴丹吉林对于他们来说，不是不毛之地，而是一个聚宝盆，因为这里大量的矿物质资源，足以为他们提供丰富的生活来源。

到巴丹吉林沙漠旅游，不但可以看到大自然创造的奇特景观，也能看到自然和人和谐相处的沙漠生态文化。

沿途亮点

必鲁图沙峰
世界第一沙漠高峰是必鲁图沙峰，它高耸入云，因此被称为"沙漠中的珠穆朗玛"。攀登上峰顶是无数探险者的梦想，因为在峰顶能够看到万里沙海，沙波汹涌，起伏绵延，直到天际。

沙漠奇泉
庙海子的盐水湖畔有一眼泉水，碗口大的泉眼常年喷涌出清澈透明的泉水，水质甘甜，因此被称为"神泉"。除此之外，还有一处喷涌如莲花状的泉水，浪花翻滚，十分奇特。在巴丹吉林人心里，还有一处"圣水"，它位于一块形如磨盘的巨石上面，泉水从石板上四面流下，圣水又因磨盘石板而被称为"磨盘泉"。

苏敏吉林庙
在巴丹吉林牧民心中，有一座圣殿——苏敏吉林庙。因为其汉藏结构、金顶白墙的外形极为肃穆典雅，所以又被人称为"沙漠故宫"。苏敏吉林庙坐落在湖边，与一座白塔相互映衬。每当夕阳西下，古庙、白塔、柳树便都倒映在湖水里，那静谧梦幻的景象，让人仿佛置身在江南的园林中。

巴丹吉林沙漠文化旅游节
想要感受独特的沙漠风情，那么就来巴丹吉林沙漠文化旅游节吧。在节日期间，除了平日里都能欣赏到的五绝奇观，还能参加各种与沙漠相关的活动，如吉普车越野赛、摩托车赛、摄影展、奇石展等，以及和蒙古族相关的节目如赛骆驼、赛马、攀登沙丘等。

Tips

❶ 带齐餐具，还有一些速食食品，如方便面、火腿肠、压缩饼干等。

❷ 准备防潮垫、帐篷、睡袋和雨具。

❸ 必备手机、相机、充电器、GPS、望远镜、手电筒等。

❹ 携带药品，如感冒药、云南白药喷雾剂等常用药，以及驱蚊虫药。

地理位置：墨西哥索诺兰州与美国交界处
探险指数：★ ★ ★ ☆ ☆
探险内容：生态环境、美国土著民族
危险因素：迷路、夜晚严寒、响尾蛇
最佳探险时间：夏、冬两季

索诺兰沙漠

沙漠中的异类

　　和其他沙漠一样，索诺兰沙漠也有着沙漠的特点。但是和其他沙漠不同的是，它很"湿润"，因而适合大量的物种生存。在索诺兰沙漠，你会看到独一无二的巨人柱仙人掌，它为很多生物，包括探险者提供了充足的水分。在这里有明显的雨季，可谓是沙漠中的异类。

▫ 索诺兰沙漠具有多姿多彩的沙漠风光，不像其他沙漠那样只有黄沙漫漫

　　走进索诺兰沙漠，你一定会被它吸引。如果说沙漠就是荒原，为何这里的植物浓密得能够遮挡人们的视线？如果说生命在沙漠中被烈日抹杀殆尽，为何在这里还能看到北美节尾浣熊等动物的足迹？不仅如此，这里的啮齿类动物多得让响尾蛇都不舍得离开。

早晨，一条响尾蛇在沙漠中蜿蜒前行，爬得特别匆忙。在太阳炙烤沙漠之前，它必须找到一处阴凉地或者一个洞穴，以躲避烈日的暴晒。这大约就是它匆匆而行的原因吧。

索诺兰沙漠和其他沙漠一样，中午特别炎热。太阳热烈的光芒似乎能将整个沙海蒸滚，沙粒如烧红的烙铁那样炙热。所以，响尾蛇在夜晚捕食完毕之后，不得不匆匆寻找躲避烈日的地方。

一只青鹭站在巢穴旁，盯着仙人掌看。它是在和邻居打招呼吗？这种仙人掌在索诺兰沙漠中很常见。并且，有近 300 种仙人掌生活在索诺兰沙漠中。

漫步在沙滩上，看着阳光铺在沙子上，把沙子染成金色。平静的海水轻轻地拍打海岸。面对如此美丽的景象，你一定会想这里是不是沙漠。这里当然是沙漠，你不能被它的局部景象所蒙骗。在索诺兰沙漠的西部，一边是大海，另一边是沙漠，这么壮观的景象令人震撼。但是，人们却不能在此长久驻足，因为，更多的风景、更真实的索诺兰沙漠在等待着你前去探索。

在烈日下的沙漠行走是一件痛苦的事情，所以乘坐汽车是一个不错的选择。忽然间，一片茂密的植物丛林遮挡了视线，它们就是仙人掌。高大的仙人掌在沙漠中挺立，如强悍不畏死亡的战士。

☐ 仙人掌顶部长出了锦簇的花团，花朵中满是花粉

一对渡鸦在仙人掌上休息，丝毫没有被我们的到来惊吓到。我们也停下来，近距离观赏这沙漠中的守护者。据说这些仙人掌的寿命很长，能达数百年之久。

稍作休息，继续向沙漠更深处行去……

沿途亮点

巨人柱

生长在索诺兰沙漠的一种仙人掌。它高大挺拔，就像勇猛的战士一样守护着这片土地。这些巨人柱仙人掌，在活到75岁的时候，会长出像胳膊一样的分枝。它们高10多米，重数吨，多可活200多年。它们是索诺兰的灵魂，也是亚利桑那州的象征。

亚利桑那纪念馆

"珍珠港事件"不仅使美国的"亚利桑那"号战舰沉没，还夺去了很多美国公民的生命。为了纪念这次事件，美国在战舰沉没的地方修建了亚利桑那纪念馆。这个纪念馆是免费开放的，但是有时间限制。

索诺兰沙漠博物馆

虽然名为馆，却不是一般意义上的博物馆。除了几个特别的展厅外，它的大部分展区是在户外的。其实，它更像是一个集动物园、植物园、生态研究园为一体的自然中心，而且会有一些退休的老人在这里免费讲解。

Tips

❶ 携带充足的水。虽然沙漠中的巨人柱仙人掌可以提供饮用水，但它是受法律保护的。

❷ 夏天去的话须携带防寒服，白天注意防高温。

❸ 如果想顺道观光的话，建议携带一定的现金。

▣ 站在仙人掌上休憩的小鸟

▣ 巨人柱仙人掌，它们是索诺兰沙漠的灵魂

地理位置：墨西哥西北内陆
探险指数：★★★★☆
探险内容：荒漠景观、野生动物、干尸
危险因素：环境恶劣
最佳探险时间：夏季

奇瓦瓦沙漠

生命与死亡的交织

在世人的眼中，奇瓦瓦沙漠充满神奇色彩，无论是水晶洞、干尸，还是世间稀有的洒脱美酒、仙人掌，都为奇瓦瓦沙漠蒙上了一层神秘的面纱。

▫ 机灵的土拨鼠正在打探洞外的情况

位于墨西哥境内的齐瓦瓦沙漠，是墨西哥面积最大的沙漠，也是北美最干旱的沙漠之一。之所以如此干旱，是因为马德雷山脉从东、西两侧将奇瓦瓦沙漠包抄起来，使得来自墨西哥湾和太平洋的潮湿气流无法逾越这两道屏障。不过，这种情况也不是永久不变的，每年的夏季，潮湿气流以强大的气势翻过马德雷山脉，给奇瓦瓦送来充沛的雨水。

除了沙海，奇瓦瓦沙漠也有绿洲存在。绿洲位于沙漠的夸特罗 - 塞内格斯山谷，由

地下泉水涌出来形成内陆沙漠沼泽，这样的地貌非常罕见。一个沙漠哪里来的地下水源呢？原来这是由季节性河流、季风雨水等流经沙漠渗入地下后形成地下泉水所致。由于各种水流流经沙漠的时间长短和水流量大小不同，所以各地区的地下水水位和含水量也各不相同。不过有一点是一样的，那就是它们都含有大量的矿物质。早在人类发现这里之前，夸特罗 - 塞内格斯沼泽便已经有几百个物种生存，包括贝类、鱼类和爬行类动物。在 16 种鱼类中，又有 8 种是专属于夸特罗 - 塞内格斯沼泽的，它们分散在沼泽内大大小小的泉水湖泊内，由泉水滋养着生命。

除了这片绿洲，奇瓦瓦沙漠还有一处与众不同的洞穴，这个洞穴在地面以下 305 米处。数百万年以前，在地底深处的岩浆不停加热以及地下水所含硫酸钙的作用下，洞穴逐渐形成。大约 60 万年前，岩浆逐渐冷却，矿物质也慢慢在水中沉淀，最终形成一簇簇晶体。而后又经过不断地沉淀，晶体逐渐增大，最终形成如今几米到十几米高度不等的

■ 茵茵绿草和憨态可掬的生灵为奇瓦瓦沙漠平添了几分生机

巨型水晶石柱，它们散落在山洞里面，在灯光的照射下散发着彩色的光芒，十分漂亮。因为稀少和漂亮，这些晶体石柱也引起窃贼们的觊觎，他们带刀进入洞内，试图将水晶柱砍断搬走。盗贼们在水晶柱上留下许多刀痕，但最终却未能成功。为了让这些水晶柱完好地屹立在洞穴里，从 1985 年开始，当地政府便在洞穴口采取了保护措施，防止外人进入。

奇瓦瓦沙漠有美丽的绿洲，有神奇的洞穴，也有神秘的干尸。传说中的帕斯卡拉离奇又恐怖，吸引着无数游客们的目光。不过这终究是传说，更令人震惊的是过去那个 14 具干尸案件。2009 年 5 月，当地警方发表新闻，称在荒漠里发现了 14 具干尸，新闻一发出便引起世人震惊。后来调查得出：这是一场犯罪组织的火拼。之所以会有这种事情发生，是因为这里是墨西哥和美国的交界处，因地处偏远，这里自古便是犯罪集团和贩毒组织的必争之地。

沿途亮点

慈鲷

慈鲷是水蜗牛的天敌，它捕食水蜗牛的方式也很另类，是人们闻所未闻的。它们躲藏在排泄物里，以此迷惑北美洲水蜗牛。行动之前，它们会搅动泥沙把水搅浑，然后趁机钻进水蜗牛群里，不费吹灰之力便将蜗牛整只吞下。慈鲷是不会咀嚼的，但它喉头的肌肉十分有力，能够轻易把蜗牛的壳儿压碎，然后咽下蜗牛肉。

马德雷山脉

乘坐列车游览马德雷山脉是最佳的选择。因为沿途有几十个隧道，坐在车内穿越隧道，同时在明暗之间感受马德雷山脉的静谧和广阔，是一种无与伦比的美妙感受。除此之外，在奇瓦瓦州翻越库珀峡谷也是一种美的享受，那些藏身于陡峭峡谷里的自然美景，让人惊叹、欣喜，又饱含敬畏。

Tips

❶ 洒脱是一种非常纯质、甘美的酒，并因其丰富的口感被人们珍视，值得品尝。

❷ 旅行时携带帽子、墨镜、防晒霜等防晒用品，以免晒伤。

❸ 由于沙漠的沙子粒细小，所以要把精密仪器保管好，比如手机、相机、摄像机等，一旦沙粒进入后不易清理而且还会划伤显示屏。

地理位置：中国内蒙古和甘肃中部
探险指数：★★★☆☆
探险内容：湖盆、游牧民族
危险因素：干旱、风沙
最佳探险时间：春、夏两季

腾格里沙漠

★ ★ ★ ★ ★ ★ ★ ★ ★ ★ 流动沙丘的洗礼 ★ ★ ★ ★ ★ ★ ★ ★ ★ ★

　　腾格里蒙古语意为天，意思是茫茫无际如同天空般广阔。在腾格里，到处都是沙丘，还有很多第三纪残留湖泊，它们为当地居民提供了充足的水源。

▫ 湛蓝的天空下，大漠浩瀚雄浑，线条似水波般柔美

　　腾格里沙漠意为像天一样广阔的沙漠。如能征服腾格里沙漠，岂不就是征服了天空？然而这也只是想想而已，其实不需要征服任何沙漠，只要和沙漠有一次近距离的接触，有一份共同的回忆就足够了。

腾格里沙漠浩瀚无边，它雄浑如一个成熟的男子，在湛蓝的天空下，自有一股苍凉的韵味。沙漠千里之阔，其中散落着数不清的沙丘。这些沙丘或连绵起伏，线条柔美；或高低错落，线条粗犷。

人们常把沙漠比喻成沙的海洋，在大海里能冲浪，在沙漠中当然也能"冲浪"。因此，沙漠冲浪车应运而生。从骆驼上下来，坐进沙漠冲浪车中，便可开始一段奇妙的冲浪之旅。沙漠冲浪车如离弦之箭，腾空向一个几乎垂直的沙丘底部砸去，惊险万分，落到底部，然后再去爬另一个沙丘，然后再落下去。如此往复，像大海中漂摇的帆船，又像海鸥在海中逐浪，甚至这种冲浪比在大海中还要刺激。

腾格里沙漠的深处，是充满生机的，因为这里有水源。水源被分成许多湖泊，湖水在阳光下泛着点点银光，给沙漠平添一种纯洁的气息。在这些湖泊里，高墩湖颇有名气，它面积约为 30 平方千米，生活着 30 多种鸟类和多种鱼类。有的湖泊干涸后摇身变成草原，通湖草原便是其中一个。因为地势低洼，草原平坦宽阔，水草繁茂，吸引着无数牧民来此放牧，因此草原上随处可见成群的骆驼和牛羊在游荡。倘若来到这里，你也许会忘记自己还置身于沙漠中。

在腾格里沙漠探险，不仅可以让沙暴洗涤我们的体魄，还可以欣赏"大漠孤烟直"的壮美景象。白天，当有风沙起时，黄沙滚滚而来，如同一张黄色的幕布遮天盖地，令太阳失去光彩，让山河为之颤抖。呼啸而来的沙暴展现出大自然的威力，令人臣服。夜晚，点起篝火，阵阵肉香飘来，让人不自觉地流下口水。

沿途亮点

月亮湖

它像一轮弯弯的月亮躺在黄沙的怀抱中，诉说着过往的故事。它又像一张中国地图，气势磅礴，充满勇猛刚烈之气。两种截然不同的感觉集于一身。它不仅是探险胜地，也是一处特殊的水源。因为它的一半是淡水，一半是咸水。千百万年来，月亮湖从不混浊，如芳华不改的少女的心，那么纯净；又如好客的蒙古人，等待客人的来临。

湖盆

它们大部分诞生于第三纪，至今多数已经干涸。大大小小的湖盆在腾格里沙漠之中星罗棋布。它们像大小不一的空碗，在等待着主人为远道而来的客人斟满酒水。在湖盆内部，有的长满了牧草，成了天然的牧场。而好客的蒙古人就居住在湖盆外围。

天鹅湖

它的四周是浩瀚的沙漠，沙丘高低起伏，沙涛滚滚不绝，如同一幅波澜壮阔的画面。雄伟的景象，令人心旷神怡。它和月亮湖并称为"腾格里的姐妹花"，各有魅力，吸引了大量游客。

Tips

❶ 穿越过程中，手机没有信号，有事的话应提前安排好。

❷ 注意安全，尊重当地人的信仰和风俗习惯。注意保护环境，不要乱扔垃圾。

❸ 夜晚注意防寒保暖。

▫ 夕阳下，大漠犹如浩瀚的大海，波光粼粼

地理位置：非洲北部

探险指数：★ ★ ★ ★ ☆

探险内容：民俗风情、大漠风景

危险因素：迷失方向、眼镜蛇

最佳探险时间：秋季

撒哈拉沙漠

神秘而危险的荒漠之地

在撒哈拉沙漠探险，是一项充满挑战的活动。撒哈拉沙漠是世界上阳光最充足且自然条件最严酷的沙漠之一。在这里，你只有一个印象——荒漠。而"撒哈拉"在阿拉伯语中的意思就是荒漠。来这里探险，去感受"烈日炎炎似火烧"的滋味吧。

毛笔下的撒哈拉沙漠充满了异域情调。去过腾格里，去过巴丹吉林，去过很多沙漠，如果不去看看三毛笔下的撒哈拉沙漠，总觉得是一种遗憾。世界上本没有完美，如断臂的维纳斯。然而，生命中的遗憾，却会令人感到不舒服。如果有机会，任何人都不愿意在生命中留下遗憾。

如果说旅游重在享受过程，那么在去往沙漠的路上，你必然会睁大双眼，欣赏沿途的风景。一丛丛树林、一群群牛羊、一片片草地，出现又消失。当盐碱地出现的时候，绿色隐藏了踪迹，远处的湖泊显现出身形。远远望去，它们如一颗颗蓝宝石闪烁在茫茫蓝天下，镶嵌在漫漫黄沙上。

去撒哈拉沙漠的人，喜欢早晨出发。因为大漠上的日出和别处的日出有不一样的风情，一边是朝阳，一边是明月，太阳伴着还没有完全消失的月亮冉冉升起。当一片毫无杂质的黄色出现在眼前的时候，就是撒哈拉到了。沙丘高低起伏，如大海里的浪涛，波

撒哈拉沙漠的天空格外蓝，漫漫黄沙在阳光下似金粒般熠熠生辉

澜壮阔，十分壮观。一波波的沙丘，在阳光的照射下，变得迷幻多彩，仿佛梦境。

但撒哈拉沙漠气候条件极其恶劣，是地球上最不适合生物生存的地方之一。撒哈拉沙漠常出现许多极端的天气，在高海拔的地方会出现霜冻或冰冻，而在低海拔处则可能出现世界上最热的天气。

□ 骆驼成为沙漠地区游人的重要交通工具

虽然人们把撒哈拉沙漠称为生命禁区，但这里依然有人类居住，在这里还有一个消失的文明。人们一直不解，撒哈拉沙漠诞生于 250 万年前，在这极端干旱缺水、土地龟裂、植物稀少的不毛之地，竟然曾经有过繁荣昌盛的远古文明。

撒哈拉沙漠之旅，当梦想和现实重合的时候，人们会变得异常激动。然而这一次的到达，也只是为下一次的启航做准备。

沿途亮点

沙漠岩画

在沙漠中，探险家们发现了一系列的岩画，它们丰富多彩，从不同的角度展现出当时的生活情景。岩画中的动物形象千姿百态，甚至还有人们驾着独木舟捕捉河马的图案。这些图案的年代已经无法考证，而且也无法得知那些奇怪图像的含义了。这个消失的文明给现代人留下一个未解之谜。

陨石坑

一支由埃及和意大利专家组成的考古小组，在撒哈拉偏远地区发现了一个巨大的陨石坑。经研究得知，这个陨石坑形成于数千年前，由直径 1.3 米的陨石撞击而成。令人惊

□ 神秘莫测的岩画

奇的是，这个陨石坑撞击的痕迹清晰可见，可能是迄今保存最完好的陨石坑之一。

柏柏尔人

作为当地的土著居民，他们有着独特的风俗习惯。在三毛所描绘的撒哈拉中，这个民族的风俗在常人来看是无法理解的。所以，如果在居民家里暂住的话，一定要遵守当地的民俗。

Tips

❶ 撒哈拉沙漠昼夜温差极大，注意防寒保暖。

❷ 在沙漠中探险容易迷失方向，因此指南针是必备的。

❸ 当地卫生条件差，最好携带应急药物。

地理位置：玻利维亚的西南部
探险指数：★★★☆☆
探险内容：沙漠穿越、盐湖上行走
危险因素：盐湖裂缝
最佳探险时间：12月至次年1月

乌尤尼盐原沙漠

古文明的坟场

雨后，湖面像镜子一样，反射着好似不是地球上的、美丽得令人窒息的天空景色，在一望无际的白色世界里，你可以感受到世外桃源般的纯净与美丽。

▣ 远望盐沼，纯白一色，四野寂静，恍若隔世

沙漠有着"古文明坟场"的称号，但新的绿洲文明却散发着它迷人的光辉；沙漠有着荒无人烟的孤寂和艰辛酷热，但独有的沙漠式奢侈会让你惊叹人类的创造力，惊心动魄的探险又让你有机会钦佩自己的勇气。沙漠有着遥远的路程与未知的茫然，但依然无法阻止每一个自由的心灵。它荒芜，没有边际；它充满危险，魅力十足；

它孤独，但足够丰富。茫茫沙海，无数伟大的文明古城在这里繁荣而后消失，财富、梦想、欲望随着历史化为沙尘，诗人、作家、艺术家、探险者、自然和文化研究者、户外运动爱好者，纷至沓来，每个人都变得平等，却如沙砾般渺小。

位于南美洲玻利维亚西南部的乌尤尼盐原沙漠像每个沙漠一样有着"生命禁区"的名字，从这样的字面上，我们无论如何难以解释这个沙漠的力量，即使是最善于驾驭文字的人们也无法表达清楚自己为何会前往这片沙漠，又为何会深深爱着这片沙漠。或者这种无法自拔的情怀，只是因为这个世上总有一种力量在人们心中翻腾，无休止地折磨着渴求刺激与挑战的心灵。

乌尤尼盐原沙漠呈月牙状，是世界最大的盐沼。海拔 3660 米，最长处 150 千米，最宽处 130 千米，面积约为 1 万多平方千米。盐原作为玻利维亚的标志性景观以其独特的魅力吸引了世界各地的人前来。沙漠沿岸建有盐场，主要盐场间有公路相通。位处高原之中，沙漠广阔且近乎平坦，与天空浑然一体。沙漠中有几个湖，由于各种矿物质的作用，湖水呈现出奇异的颜色。盐原雨量稀少，气候干燥，仅在 12 月至次年 1 月雨期积水时，经由利佩斯河泄水。每年 7 月至 10 月为乌尤尼盐沼的旱季，盐沼地表大多很干燥，即使到了雨季，乌尤尼盐沼仍有部分区域干涸。每年冬季，乌尤尼盐沼被雨水注满，形成一个浅湖；而每年夏季，湖水则干涸，以盐为主的巨大矿物硬壳覆盖了整个湖区。当地人采集了这些矿物质硬壳，用作建筑材料，他们建成的盐房除屋顶和门窗外，墙壁和里面的摆设包括房内的床、桌、椅等家具都是用盐块做成的。

▫ 湖中觅食的鸟儿

乌尤尼盐沼虽然海拔高，位于约 3700 米的山区，但是一望无际的白色世界仍然吸引了全球各地许多游客的造访。探险家们可以在盐沼中穿越，沐浴在被高浓度的湖水折射得色彩纷呈的阳光中；可以进入当地人利用旱季湖面结成的坚硬盐层，加工成的"盐砖"盖的"盐房"；当每年 4 月至 11 月的旱季，湖面变得坚硬无比后，还可以驾车穿越盐湖探险。

穿越盐湖存在种种危险，1 万多平方千米的湖区内无人居住，里面光秃秃一片，几乎找不到辨别方向的参照物。而且，因为湖区内磁场的影响，指南针和卫星导航系统有时也会失灵，没有经验的探险者很容易在湖中迷路。

■ 湛蓝的天与一望无际的洁白盐粒在天边交会，让人感受到大自然的纯净

而在这里迷路，基本就意味着死亡。不容易被发现的盐壳裂缝、缺口会轻易地将越野车吞没，人在炎热的阳光下几乎走不了多远。这里虽然是湖，但那些水却不能饮用——喝了它们只能让人更渴，更快地走向死亡。

尽管这里充满了种种危险，但因为那些瑰丽的景色，每年仍有不少游客前往乌尤尼盐湖探险。

沿途亮点

鱼岛

在盐沼中央附近的一个小岛，上面长满了仙人掌，是横越乌尤尼盐沼途中重要的休息处所。鱼岛上有一些当地人开设的土产店，没有旅宿设施，一般游客从乌尤尼带午饭过去，在此处午餐。

天空之镜

乌尤尼盐原沙漠的美景之一，站在盐沼之中，眼前亮晶晶闪动的不是冰，而是盐。尤其在雨后，湖面像镜子一样，反射着好似不是地球上的、美丽得令人窒息的天空景色。

Tips

❶ 玻利维亚海拔很高，注意高原反应，在前往乌尤尼盐沼之前可以在拉巴斯停留一段时间来适应环境。

❷ 最好在雨季（12月至次年1月）去盐沼，因为形成传说中的天空之镜需要大片平静的水面。

地理位置：美国加利福尼亚州
探险指数：★★★★☆
探险内容：穿越山谷
危险因素：泥石流、未知的死亡因素
最佳探险时间：11月至次年4月

美国"死亡谷"

★★★★★★★★★★★ 在生与死中穿行 ★★★★★★★★★★★

死亡谷中的山岳，因含有云母、褐铁矿、赤铁矿、山丘矿等丰富矿物质，形成五颜六色的图案，就像是画家恣意挥洒的画作，又如同天赐的艺术作品。

▪ 死亡谷中沟壑纵横的山峦，纹理和色彩变化多端

在美国加利福尼亚州与内华达州相毗连的群山之中，有一条长约250千米的"死亡谷"。这里炽热、干旱。每逢倾盆大雨，炽热的地方便会冲起滚滚泥流。而它同时也是全球最热的地区之一，1913年曾有高达61℃的气温。因为恶劣的环境，整个地区都被神秘所笼罩着，人们将其称为"死火山口""千骨谷"和"葬礼山"等。见者不寒而栗，闻者谈之色变。

死亡谷是怎样形成的呢？那是大约在300万年前，地球重力将地壳压碎成巨大的岩块，有些岩块凸起成山，有些倾斜成谷。到了冰河时代，排山倒海的湖水灌入低地，淹没整个盆地。又过了几百万年，在太阳的蒸晒下，这个遗留下来的大盐湖终于干涸而尽。如今展露在大自然下的死亡谷，是由一层层泥浆与岩盐层层堆积而成。

直到160多年前，"死亡谷"的恶名才被宣扬开来。1849年冬，一支前往金山的淘金队伍横越该谷，因不敌恶劣的气候，多数人丧身于此。少数人成功穿越山谷，离开时怀着对队友的悼念之情，伤心地说了句"再见，死亡谷"，此谷由此得名。还有一个传闻，据说在1949年，美国有一支寻找金矿的勘探队伍因迷失方向而涉足其间，几乎全队覆灭，几个侥幸脱险者于不久后也神秘地死去。此后，更有探险者试图揭开死亡谷之谜，却再也没有回来。这些离奇的传闻使死

▫ 沙丘纹路清楚，高低有致，苍苍莽莽，构成一幅令人叹为观止的天然美景

亡谷更加恐怖神秘。

　　世界上最不适宜人类居住的地方恐怕就是死亡谷了，但有些生物却可以安然无恙地生活在这里，其中棉球沼泽的沙漠小鱼可以住在比海水高出 6 倍盐分的水中。春天时，有一种沙漠小鱼甚至专门到 190 号公路以南 10 千米的盐溪产卵。干燥的气候、咸水和恶劣环境依然不能阻挡它们生存的意念，不得不令人惊叹。

　　死亡谷国家公园不仅景色十分美丽，还是美国著名的爱德华空军基地和太空实验的场所，拜沙漠地带终年不断的强风所赐，高科技的风力发电产业更在此地蓬勃发展，而令人赞叹的沙砾地质奇观也成为此地最大的特色。在死亡谷中还有很多奇观异事。在死亡谷最低处，你会看到银带一样的盐溪和恶水河床，这条盐溪水温高达 43℃，含盐量比死海还高几倍，据说探险家们在里面发现了很多骸骨——有些似乎是人骨。龟裂的恶水河床还有一个奇特的现象，在有些巨石背后，可见到明显的滑行轨迹，究竟是风力使然还是地震推动，仍无人知晓，然而，巨石滑行的轨迹却从未中断或者停止。神秘的死亡传闻、瑰丽神奇的景色，让人几乎失去空间感和时间感而产生错觉。死亡谷深深地吸引着世界各地的探险者！

🔳 行驶在艺术家路上，仿佛置身于外星球上

沿途亮点

魔鬼高尔夫球场

这里遍布各种形状的盐类结晶，不过它们都是尖顶，而且高低不平，地势十分恶劣。有人开玩笑说只有化身魔鬼才能在这样的场地打高尔夫，因此这里被称为"魔鬼高尔夫球场"。

艺术家路

这是一条极为普通的泥土路，而且蜿蜒曲折，足有4000米长。倘若沿着一个转口往前走到达艺术家调色板，你将会发现在东侧的山上，有巨幅画作，看上去五颜六色，十分恣意。不过这可不是某一位画家的杰作，细看之下就会发现，这些颜色是由赤铁矿、褐铁矿、云母等多种矿物质形成的。它们堆积在一起，便成了一幅幅极富个性的画作。这条路也因此被称为"艺术家路"。

🔳 魔鬼高尔夫球场，目及之处，干裂的地面分裂成一个个锯状的土块

Tips

❶ 托马斯·凯勒餐厅（Thomas Keller）是到死亡谷旅游不可错过的景点，它是当代加利福尼亚的烹调中心，提供非凡品质的极具法式风格的菜肴。

❷ 参观完死亡谷的自然景观，到洛杉矶圣莫妮卡餐厅（Santa Monica）享用"创意沙拉"，成为很多名人的潮流新热点。

地理位置：非洲纳米比亚

探险指数：★ ★ ★ ★ ☆

探险内容：荒漠景观、野生动物

危险因素：环境恶劣、猛兽、毒蛇

最佳探险时间：5~8月

骷髅海岸

土地之神愤怒时的创作

绵绵的海风带来腥涩的味道，白色的沙子在脚下柔软地展开。眼前是波涛汹涌的大海，身后是宁静的沙漠。那低沉婉转的潮声，似乎在诉说着过往……

▫ 大浪猛烈地拍打着倾斜的沙滩

站在骷髅海岸上，凛冽的海风吹着，带来腥涩的味道。一片白色的沙漠沿着海岸线展开。一边是波涛汹涌的大海，一边是白沙滚滚的荒漠，两个截然不同的世界在这里融合交会。1933年，一位瑞士飞行员驾驶的飞机在这里失事。很长时间过去了，他的尸骨仍然没有找到，有人说，一定在这里！而这处海岸就是"骷髅海岸"。

▫ 闪耀着金黄色瑰丽光芒的沙漠

▫ 海岸上的骷髅标志

骷髅海岸是充满危险的海岸。长年不断的八级大风，让人不寒而栗的雾海，水面下交错的暗流和海底参差不齐的暗礁，使得往来的船只在这片复杂诡异的海域经常发生意外。海水把失事船只推到海岸边，杂乱无章的残骸在荒芜的海岸上默默倾诉着历史的兴衰成败与生命的不幸和悲凉。

从空中俯瞰，骷髅海岸在阳光的照耀下成为金色的沙丘。一些没有完全破碎的石块形成沙砾，布满沙滩，风一吹就会发出"呜呜"的声音，倍增凄凉。沙丘之间闪闪发光的蜃景从岩石间升起，周围是不断移动的沙丘。

▫ 落在荒凉海岸上的船只残骸

如果说波澜壮阔的大海让人畏惧，那么从失事的海船上逃生，来到"风平浪静"的骷髅海岸，你也许会庆幸自己得以幸存下来。然而，事实上并非如此。当走向沙漠深处，你会发现破裂的船只残骸毫无规则地分布在沙漠中。当再深入的时候，你甚至会见到人类的骷髅。

在骷髅海岸，有无数石板，其中有一块刻着字的最著名。石板充满被剥离的痕迹，经过无数次海水的冲刷和侵蚀，上面的字迹依然清晰可见。"我正向北走，前往 96 千米外的一条河边。如有人看到这段话，照我说

的方向走，神会帮助他。"这句话的背后有一个悲伤的故事：1943 年，骷髅海岸出现了 13 具尸体，其中 1 具是儿童，另外 12 具尸体是成年人，更可怕的是 13 具尸体全部没有头颅。他们是谁，为何陈尸海岸，不得而知。

不过，笼罩在死亡阴影下的骷髅海岸也有其独特的美妙风光，它的奇美体现在另一边的沙漠中。与涌动不停的海水比起来，海岸另一边的沙漠就如同凝固的大海，它波浪渺茫，形态各异：或滔天巨浪，或轻翻细浪；或平滑如镜，或起伏连绵。这片广阔无边的沙海因为不同的形状而兼具细腻和雄浑两种截然不同的特点。

入夜，远处的海浪声时有时无，配合着风声，宛如无数的冤魂在低低哀鸣……

■ 沙滩被大风撕扯得斑驳陆离，布满褶皱

沿途亮点

诺克卢福国家公园

位于纳米比亚西南部，为非洲最大和世界第四大的主题公园。索苏斯弗雷是该公园最著名的景点，也是纳米比亚主要的旅游景点。在这个极度干旱的地区生存着多种多样的动物，包括蛇、壁虎、鬣狗、南非剑羚、胡狼等。

温得和克

纳米比亚的首都，这里的建筑充满欧洲风情。这里保留有3座中世纪德国式古城堡，也有著名的文化历史博物馆、温泉等。它还是世界著名的卡拉库尔羔羊皮集散地。

纳米比沙漠

约形成于 8000 万年前，被认为是世界上最古老的沙漠。狂风吹出的沙丘满布其间。红色的沙丘，像一条条艳丽的丝带蜿蜒在沙漠之中。在沙漠边有一座德国情调的小镇。喝着清凉的啤酒，听着远处的涛声，感觉自己似乎远离了沙漠。

Tips

❶ 准备好抗疟疾药物。
❷ 纳米比亚政局比较平稳，但是也曾经发生持枪抢劫案件，建议不要携带太多现金。

地理位置：澳大利亚西部
探险指数：★ ★ ★ ☆ ☆
探险内容：沙漠穿越
危险因素：流沙、风暴
最佳探险时间：8-10 月

岩塔沙漠

荒野中的墓标

这片沙漠荒凉不毛，人迹罕至，只见风卷流沙，一片金黄；只有风在呜咽，如泣如诉。

▣ 沙漠中形态各异的岩塔

西澳首府珀斯以北约 250 千米处，有一片沙漠，人迹罕至，苍凉而壮观，风呼啸而过，留下的只有金黄和死寂。千姿百态的岩塔，矗立于这干旱荒凉的黄沙之中，使人感觉神秘而怪异，似乎世界末日即将来临。在夕阳余晖的照射下，变成了橘红色的尖塔在茫茫沙漠中拖着细长的影子，一动不动。这就是岩塔沙漠。

形态各异的岩塔日日夜夜装点着平坦的沙漠地带，像是一列列不辞辛苦的士兵。这就是著名的岩塔群，嶙峋的尖峰在无边的黄色和赭红色的沙海中傲然挺立，昂首指向天空。松软的沙漠地区居然能够形成如此坚硬的岩塔，不得不令人惊奇。据地质学家估计，这些岩塔已经有3万年的历史。在此之前，外界似乎对此一无所知，只是口头流传着这些岩塔的影子。有一种说法是在数千年中，由于风沙的侵蚀，松软的沙层被吹走，只留下坚硬的石灰石岩层。还有一个说法是，这些岩塔是远古森林的化石。但无论怎样，这些岩塔带来的视觉冲击和心灵震撼总会让来到这里的游人望而兴叹。

这些矗立在澳大利亚西海岸的黄沙中的自然奇迹，以自身最壮观的方式向人们展示了沙漠美丽而又神秘的一面。虽然这里不只有这一处景观，但犹如"回眸一笑百媚生，六宫粉黛无颜色"一般，游客往往都是为它而来。数个岩塔聚集在一起可能只是让人觉得比较有趣，但是当数十平方千米形色各异的灰色石塔聚集在一起时，不得不让人佩服大自然这神奇的造物主。

如果你喜欢冒险，并具有相当多的探险经验，进入岩塔沙漠的内部一定是个终生难忘的旅途。游人可以开着汽车行驶在沙漠的公路上，这里平坦无垠，车辆稀少，四周都是壮丽的旷野景观，无论是在风和日丽的白天，还是在月朗星稀的夜晚，驾车在这里都是一种难得的享受。游人也可以在楠邦国家公园中进行一场穿越活动，无论是林立的岩塔群，还是灿烂的沙漠落日，都会让人深深地着迷。

▣ 沙漠中林立的岩塔，从远处看如同一丛丛仙人掌

沿途亮点

沙克湾
澳大利亚西海岸，有被陆地和海岛环绕起来的海湾，名叫沙克湾。这里有4个世界之最：世界上最大的海洋植物标本，世界上最丰富的海洋资源，世界上最多的海牛，世界上最多的叠层石。

波浪岩
长约110米、高约15米的波浪岩位于海顿附近，距离西面的珀斯340千米。远远看去，岩石如波浪一般起伏连绵，十分壮观。走近细看，原来是风沙长期侵蚀岩石，形成不同的波浪形颜色条纹，看起来像大海波浪一样。

Tips

❶ 在沙漠里容易迷路，一定要带好地图、指南针，最好寻找当地的导游一起同行。

❷ 尖峰石阵的最佳观光时间是每年的8—10月，早晨7点从珀斯出发，3.5小时可以到达沙漠，沿途景色变换，是一段奇妙的旅程。

第二章

丛林冒险

★ ★ ★ ★ ★ ★ ★ ★ ★ ★ ★

★ ★ ★ ★ ★ ★ ★ ★ ★ ★ ★

原始森林是地球上最重要的生态系统之一。

在原始森林中

生长着很多植物，

生活着很多动物。

这些原始的动物、植物

保证了生物的多样性。

去原始森林探险，

除了领略优美的大自然风光之外，

你还会面临各种各样的危险和挑战。

左图：绵延起伏的布恩迪山，苍翠欲滴的植被好似
一道天然屏障

地理位置：	中国四川峨边彝族自治县
探险指数：	★ ★ ★ ☆
探险内容：	丛林冒险、寻找野人
危险因素：	迷失方向、沼泽、瘴气
最佳探险时间：	秋季

黑竹沟原始森林

★ ★ ★ ★ ★ ★ ★ ★ ★ ★ 传说中的恐怖之地 ★ ★ ★ ★ ★ ★ ★ ★ ★ ★

　　这里森林茂密，这里动物成群，这里水流潺潺，这里怪事不断。黑竹沟像一个梦魇困扰着当地居民，人们谈之色变。而对于探险爱好者来说，它无疑是一次惊险刺激的挑战。

■ 密林间，万籁俱寂，唯有溪水淌流而下，增添了几分神秘感

　　如果说百慕大是死亡之海，那么黑竹沟就是死亡之沟。细心的人会发现黑竹沟和百慕大一样都位于死亡纬度线北纬30°上。探险，是人类的本能。黑竹沟的一切都充满了神秘与刺激，去黑竹沟探险，是很多探险爱好者的愿望。如果说旅游是对心灵的洗涤，那么探险则是对心智的强化。

　　在小凉山的密林中，有一条被当地彝族人称为"斯豁"（意为死亡之谷）的山谷，汉人给它取了一个有几分神秘色彩的名字：黑竹沟。不过，它还有一个彝汉两族共同认可的绰号：魔鬼三角洲。之所以取这个绰号，是因为这里藏着许多无人能解的谜团。

　　这里发生了许多神秘的事情。其一是新中国成立后，时任国民党将领的胡宗南率余部30多人，在解放军的追赶下逃进黑竹沟，从此踪影全无。而解放军随后追进去也消失得无影无踪，仅有排长一个人回来。另一件事发生在1955年，驻扎在黑竹沟的解放军

▣ 安逸快活的大熊猫

某部测绘队因粮食短缺，便派了两名战士去采购，部队等了许久也不见两人回来，便四处寻找，最后只在黑竹沟找到两人的武器。21年后，四川森堪大队汇报，有3人在黑竹沟消失，寻找无果。3个月后，3具尸骨出现在众人面前。

时光飞速流转，人们征服黑竹沟的心思越来越强烈。于是，在1991年，川南林业局设计工程小队派出24名测绘员进入黑竹沟进行测绘工作。到了6月24日这天的黄昏，工作人员正计划收工，天空突然乌云密布，大雾遮天蔽日，24个工作人员在黑竹沟迷了路。不过幸运的是，20个小时后，他们便被找到了。

一次次消失事件带来的许多令人无法解释的现象，给黑竹沟蒙上一层神秘的面纱。加上彝族古老的传说，导致这里成为众多彝族人的崇拜之地。当我们揭开神秘面纱后会发现，原来这里是平原和高山之间的过渡区，因此拥有最原始的生态和最复杂的地形。行

■ 林中河面或宽或窄，浅处清澈见底，可跋涉而过

走其间，不但有一种阴沉压抑的感觉，而且复杂诡变的地形也极易让人迷失其中。

　　黑竹沟之所以吸引探险者的脚步，除了各种事件带来的神秘感，还有四季汇聚于一天的奇景：在这里，能够同时看到春天烂漫的山花、夏天葱茏的密林、秋天惊艳的红叶、冬天皑皑的白雪。那些瞬息万变的云山雾海更是让人流连忘返。

沿途亮点

三箭泉

传说远古时期有个猎人在黑竹沟打猎，不知不觉把带来的水喝完了。他口渴难耐，晕倒在山中。在梦里出现一个仙女，她告诉猎人一个方向。猎人醒来，来到仙女指引的方向，用猎弓射穿了岩石。只见三股泉水从岩石中喷涌而出。因此，这处泉水被称为"三箭泉"。

野人之谜

在这处神秘的丛林里，有人发现了野人的踪迹。甚至有当地人亲眼看到过野人。在当地，人们敬畏山神，更加敬畏野人，称之为"诺神罗阿普"，意思是"山神的爷爷"。在当地谈到野人，人们就会畏之如虎。

黑竹沟温泉

位于峨边与黑竹沟景区之间的公路旁。水中含锶、锂、硼、氟、偏硅酸、硫化氢、微量氡和金，具有一定的医疗作用。它是大地热情的自然流露，是大地给予人类的宝贵馈赠。它如孩童的眼睛一样清澈无比，人们对它赞不绝口。

Tips

❶ 石门关内极度危险，没有充分的准备不要进入。

❷ 地势陡峭，准备好攀爬用具。

❸ 很多电子设备在进入后会失效，做好返回记号。

地理位置：俄罗斯乌拉尔山麓
探险指数：★ ★ ★ ☆ ☆
探险内容：森林风光
危险因素：迷失方向、毒蛇、野兽
最佳探险时间：7-9月

科米原始森林

濒危动物的天堂

山高林密，大风吹过，万木倾伏，犹如大海里卷起飓风，霎时间，波涌浪翻，轰轰声响不绝。倏忽风止林静，远处瀑布奔流的声音不期而至。继而，鸟鸣声又起。不觉想起一句古诗："蝉噪林逾静，鸟鸣山更幽。"

■ 清如明镜的湖水，郁郁葱葱的水生植物，风光秀美无比

如果说大山是一个巨人，那么原始森林就是大山最初的衣衫。作为欧洲面积最大的亚寒带原始森林，科米原始森林里生长着各种各样的植物。一些高大的乔木则成了欧洲雷鸟、黑雷鸟、斑乌鸦、三趾啄木鸟等鸟类的栖息地。

▣ 靠近岸边，泊着一只红色小船，为这静谧的风景增添了一抹热情的颜色

　　走进这片原始森林，就像进入了绿色的海洋。这里枝叶茂盛，宛如天篷。一阵寒风吹过，所有的树木仿佛一下子被惊醒，窸窸窣窣的声音从叶子间飘出来。

　　在这里，最常见的是德国松树和西伯利亚木松。它们的叶子像针一样，一簇簇向外伸展着，每一片都尖锐有力，好像有一种不屈不挠的精神在支撑着它们。即使大雪压弯了枝头，待到冬雪融化，它们依然会恢复挺立的姿态。

　　森林里生长着一些看似无害的鲜花，它们的生命周期很短。娇艳的花朵为森林增添了一种亮丽的色彩。浓郁的绿，在这里不会显得单调。无尽的叶子遮掩了天空，早晨和黄昏几乎没有什么区别。

　　在森林里行走，不仅要注意横生的树枝，还要注意枯叶下是否有沼泽。除此之外，毒蛇也许会盘踞在树上，灰狼可能藏在树后。

越是原始的森林，就越危险，越值得人们挑战。在这可以听见鸟叫，还有哗哗的流水声。此时，循着声音走去，只见一条溪流出现在眼前。清澈的流水哗哗地流动，在从高处奔下来的时候，水流冲击着岩石，发出更大的声音。除了鸟鸣，似乎只有流水在歌唱。虽然这里纬度高，气温比较低，但是人们依然会大汗淋漓。衣服贴在身上，感觉很不舒服。选择了冒险，就选择了挑战，也就选择了忍受一切恶劣的环境。

夜晚降临，森林也安静下来，唯有溪水不知疲倦地流淌，它是要追逐时光吗？篝火在燃烧，噼啪的声音在黑夜里和着流水声，显得周围越发静谧……

沿途亮点

乌拉尔山脉

它是亚欧大陆的分界线。这里储藏着丰富的矿物资源，也有丰富的森林资源和水资源。这里生活着一些土著居民，他们有神秘的传统文化，善于打猎和捕鱼，过着较为原始的生活。

瑟克特夫卡尔

它是科米自治共和国的首都。这里设有国家科学院科米分院、综合大学及艺术与地志博物馆。当地居民是科米族人，属于黄种人。这里森林茂密，河流众多，适合森林探险和漂流。

Tips

❶ 衣服要防寒、防水，最好透气。
❷ 要携带 GPS 和指南针。

 陡峭的悬崖镇守在岸边，安宁和谐

地理位置：欧洲波兰与白俄罗斯
探险指数：★★★☆☆
探险内容：穿越森林、寻找野生动物
危险因素：野兽、毒蛇
最佳探险时间：6-8月

比亚沃韦扎森林

美洲野牛最后的栖息地

　　郁郁葱葱的原始森林，上百头野牛在林间漫步，丰富的植被为它们提供了丰盛的食物。高耸的菩提树长到了45米，巨大的林冠荫翳着身下的蕨类植物。这是一处天堂，植物和动物和谐共存。

■ 长满苔藓的树干，为蘑菇的生长提供着营养

　　原始森林，总会勾起人们的向往之心，联想起那种消失的丛林景象：古木参天，鸟语花香。在波罗的海和黑海的分水岭有一处原始森林，它是欧洲仅存的荒野低地之一。这里不仅有茂密的林木，还有全世界仅存的美洲野牛。

　　高大的林木蹿天而立，像一个个卫士顶天立地，雄赳赳，气昂昂。阳光从缝隙里洒下，在地上形成光怪陆离的斑点。微风一起，这些斑点也随风摇摆。

　　深入森林，浓密的林叶遮天蔽日，看不到阳光，只有无穷无尽的绿色，像是画家打翻了调色板，浓郁的绿色渲染了整个画面。往远处望去，除了树还是树，层层叠叠，没有尽头。脚下是一簇簇繁茂的不知名的小草，从上面踩过，不会留下任何痕迹。

　　一棵巨大的橡树，身上穿着苔藓外衣，据估计，它至少有500年的树龄。500年，说长不长，说短不短，正让人想起《西游记》中的孙悟空，被压在五指山下500年。500

■ 俄国沙皇皇家狩猎区的美洲野牛

年风吹雨打与岁月变迁，如果它有思想，会说话，可否跟我们讲讲它过去的故事？

一只啄木鸟从林间穿过，落在一棵云杉上，把云杉的果实藏在被岁月刻画的树皮上的褶皱里。乌鸦嘎嘎地叫着，它是不甘于寂寞吗？偶尔一声狼嚎，揪住了人们的心。当心情平复下来时，猫头鹰却给我们打了一个招呼。一惊一乍，似乎是冒险必须经历的。

森林里，弥漫着一股稠密而清冽的气息，厚厚的树叶上冒着一种幽幽之气。在原始森林里，几乎所有的植物都愿意"化作春泥更护花"。这些树叶在泥土中腐烂，成为成千上万种蘑菇、苔藓、昆虫的食物。你还会发现一种很特别的蘑菇，样子很丑，但散发着一种特别的清香。越是气味香甜的蘑菇越是有毒，这是经验。对于这种不知名的蘑菇，我们只能远观，不敢食用。

数千年来，野牛都是人们宝贵的财富。牛肉可作为食物，牛皮可以御寒，牛粪可以生火，牛骨可以制造工具。可谓牛的身上都是宝，物尽其用。然而，无节制的狩猎，再加上外来人的入侵，美洲野牛面临灭绝的危险。后来，人们意识到保护野生动物的重要

■ 森林的地面被一簇簇繁茂的植被所覆盖，美景如画，使人感到心旷神怡

性，开始制订了相应的保护措施。虽然野牛的数量已经不多了，但在人们的努力下，最终它们总算生存了下来，数量在慢慢恢复。

沿途亮点

比亚沃韦扎国家森林公园

它曾是波兰王室和俄国沙皇的狩猎胜地，这里有丰富的动、植物资源。其中，除了美洲野牛外，还有一种珍稀的草原野马。为了保护这里的野生动物资源，人们设立了保护区，禁止狩猎。1992 年，它被列入《世界遗产名录》。

波罗的海

世界上盐度最低的海；它曾是古代北欧商业的通道，至今依然是北欧重要的航道，也是俄罗斯与欧洲贸易的重要通道。由于含盐量极低，这里的海水很冷。

黑海

欧亚大陆的一个内海，在贸易、航运和战略上有极重要的位置。北部沿岸是东欧人疗养、度假的胜地。

Tips

❶ 森林里的蘑菇大多数有毒，不能食用。

❷ 深入森林，需要准备充足的物资。

❸ 注意保护当地野生动物，不要随意伤害它们。

地理位置：印度尼西亚新几内亚半岛东端

探险指数：★ ★ ★ ★ ☆

探险内容：新物种

危险因素：蚊虫、毒蛇、霍乱、抢劫

最佳探险时间：5-10 月

福贾山原始森林

被上帝遗忘的世界

　　一片几乎不曾被人踏足的土地，茂密的原始森林，多种多样的生物，甚至还有被人类认为已经灭绝的生物，活生生地出现在眼前。到处都是未知的或者已知而"灭绝"的生物，当探险队发现已经灭绝的六丝极乐鸟时，震惊得彻底说不出话来。

▣ 生活在丛林中的部落

　　探险是一条不归之路。之所以这么说，是因为一旦喜欢上探险，几乎很难安逸下来去过平静的生活。惊险、刺激的野外活动，虽然充满了艰辛，但是相比在温室里的生活，喜欢探险的人更愿意去面临危险和挑战，而不愿意安逸地过着千篇一

■此起彼伏的山峦被森林覆盖，一眼望去，满是绿意

律的生活。

　　福贾山原始森林位于新几内亚半岛的最东端，极少有人涉足。这片森林有着最原始的狂野，也有着更多未知的危险。巴布亚新几内亚入境手续很简单，交钱盖章即可。剩下的就是就背起行囊，准备进入福贾山原始森林。

　　人们都喜欢登高望远，将一切尽收眼底。然而在原始森林里，极目望去，除了绿色还是绿色，无尽的森林遮挡了视线。

　　这里的树木大约有数百年的树龄吧。它们婆娑的身姿千奇百怪，藤蔓缠绕在半枯半荣的树木上。生命在这里变得迷幻而又丰富多彩。

　　轻轻地跨过倒在地上的枯树，踏在厚厚的落叶上，发出沙沙的声音。在一些大树下生长着无数不知名的鲜花。林间偶尔传来几声鸟鸣，清脆悦耳。一条毒蛇盘踞在树干上，定睛去看，却是一段枯藤。大概内心还是有些紧张吧，居然看花了眼。但是这种紧张和刺激不正是冒险所追求的奥秘吗?

　　森林之旅是艰辛的,因为不仅有荆棘,横生的树枝也会给你造成不小的麻烦。盘根错节的参天大树,蜿蜒缠绕的古藤,都会让行走变得缓慢。

　　在一片空地上,一只美丽的鸟儿在进行"歌舞表演"。只见它一边舒展开漂亮的羽毛,一边跳来跳去,同时发出空灵美妙的叫声。循着它的目光方向看去,才明白它是在追求爱情。我们不小心发出的声音,也没有引起它的注意。也许,在它的眼中,我们只是匆匆过客。

　　已经下午了,找个地方扎下帐篷,与大森林共眠也可以拥有别样的味道。

沿途亮点

长鼻子青蛙

科学家们发现了一种新的青蛙种类,它有一只长长的鼻子。当它鸣叫时,鼻子会向上翘起;当它不高兴时,沉默下来,鼻子就会向下耷拉着,特别有趣。

鸟翼蝶

这种蝴蝶最大的特点就是双翅展开能达 20 多厘米,被认为是世界上最大的蝴蝶。可以想象它们展开巨大的翅膀在花丛中翩翩起舞的景象。

极乐鸟

它是一种特别美丽的鸟,喜欢逆风飞行和在雾中群飞觅食。当情敌向自己的意中人求爱时,它们会退居一旁,等情敌失败的时候,自己再上场,用美丽的歌声、羽毛、舞蹈来打动意中人。

Tips

❶ 福贾山附近的土著居民有独特的风俗习惯,尽量避免与他们相遇。

❷ 新几内亚治安很差,注意人身财产安全。

▫ 碧绿的水草漂荡在清澈的湖水里,舒爽宜人

地理位置：南美洲亚马孙盆地
探险指数：★ ★ ★ ★ ★
探险内容：穿越丛林、漂流
危险因素：蚊虫叮咬、蛇、猛兽、迷路
最佳探险时间：11月至次年2月

亚马孙雨林

生机盎然的坟墓

在河流的源头，秘鲁安第斯山脉深处流传着这样一句玛雅人的名言："神是伟大的，而一片森林更伟大。"这足以说明穿越亚马孙是何等让人动心。

▣ 俯瞰亚马孙雨林一角，雨林宛如地毯，亚马孙河宛如长龙，十分壮观

走进亚马孙河流域，你会被它的广阔所震撼。亚马孙热带雨林面积是世界热带雨林面积的一半，占世界森林面积的20%，它是世界上最大的热带雨林。它的流域很广，从北向南依次穿越秘鲁、厄瓜多尔、哥伦比亚、委内瑞拉、玻利维亚、巴西，总面积达到800万平方千米。

闷热、潮湿、多雨是热带雨林的典型气候特征，亚马孙热带雨林也不例外。这里全年闷热潮湿，日间气温可达33℃，夜间气温也在23℃左右。而且经常下大暴雨，来这里的探险者经常被淋成落汤鸡。此时，亚马孙河水位就会暴涨，对探险者非常不利。水中生存着大、小两种食人鱼。大型食人鱼身长达1米，能一口咬掉人类的头颅；小型食人鱼体长10~20厘米。它们非常凶悍，血性十足，闻到血腥味便一拥而上，一些大型动物在一瞬间就会被啃食干净。若是不下水的话，食人鱼对探险者的威胁还不大，但是你千万不能掉以轻心，因为那里也许还隐藏着一只大型鳄鱼，甚至是大型蟒蛇。

■ 倒映在水中的森林看上去并没有想象中那么恐怖

迄今为止，人们发现的最大的蟒蛇是生活在这里的绿森蚺。绿森蚺的体长可达 10 米，体重超过 200 千克。它身上有不同的斑点，就如同人类有不同的指纹一样，甚是不可思议。

除了绿森蚺、巨型鳄鱼，还有很多你根

■ 雨林深处的草甸上，一条鲜绿的毒蛇寻觅着攻击目标

本见所未见、闻所未闻的毒虫，它们对人类都具有很强的攻击性。所以，在亚马孙探险一定要慎之又慎，你根本不知道下一刻会面临什么样的危险。在雨林深处，有一种猫科动物，叫美洲豹。但它不是豹子，而是处于豹子和老虎的体形之间的一种动物。它身手敏捷，善于爬树，还能游泳，可谓猫科动物中的全能冠军，凶猛异常。若是进入雨林内部，必须携带枪支、刀具用于防身。

这里是土著居民的地盘。在河流两岸，有居住的地方，也有商店、学校、教堂等设施，它们都是浮在水面上的木质建筑。探险亚马孙，必然要带一个向导，因为在某些时候，GPS 根本帮不上什么忙。未知的神秘，

■ 当地的一个小村庄，建筑极具异域风情

四伏的危机，吸引着一批批的科学家、探险者纷纷前来。

■ 色彩鲜亮的双脚犀鸟

沿途亮点

垂钓食人鱼

嘴巴大张，牙齿雪白尖利，背脊青黑，腹部血红，这就是食人鱼的特征。千万不要怀疑它是否真的吃人，成群的食人鱼可在顷刻间将人啃成白骨。在亚马孙探险，你可以垂钓食人鱼，并且可以烹饪食用。

观赏粉色海豚

在亚马孙河流中有一种特殊的海豚，它们全身为粉红色，特别美丽可爱。如果你运气够好的话，在河中划船的时候能够看到它们。

观赏黑白水交汇

在亚马孙的水流有 3 种颜色。从西部流入富含泥沙的白色水流，从圭亚那山脉一直流向北部，被土壤的酸性物质着色的黑色水流，还有从南部河流流出的清水。当它们相遇的时候，同时在河里流动而不会融合在一起，泾渭分明，绵延数里，为一大奇观。

Tips

❶ 野外生存工具必备，还要携带枪支以防万一。

❷ 热带雨林蚊虫很多，注意防范，另外还要带一些硫黄等驱蛇物品。

❸ 若是携带相机，请注意防水、防雨。

❹ 虽然是雨林，也要注意饮水问题。

❺ 选个向导带领，也要备好导航系统，以备急救。

地理位置：澳大利亚东部昆士兰州
探险指数：★ ★ ★ ☆ ☆
探险内容：穿越丛林、冲浪
危险因素：食火鸟、迷路
最佳探险时间：11月至次年2月

昆士兰雨林

地球生物浓缩的史书

黄金海岸，阳光天堂。澳洲人最喜欢的莫过于阳光，而最美好的阳光就在昆士兰。昆士兰除了美丽的阳光，还有著名的大碉堡和雨林。在这个雨林里，你会发现别处不曾有的美，这里生物种类特别丰富，甚至还能见到濒临灭绝的食火鸟……一切都等你来探索、发现。

■ 千丈瀑布倾泻而下，在雨林的掩映下，动中有静，静中有动

凡是到澳大利亚旅游的人，一般不会错过到昆士兰雨林观光的机会。对于爱好探险的人来说，更是不容错过了。

在那里，崎岖的山路、湍急的河流、深邃的峡谷、温软的沙滩、郁郁葱葱的植被，构成了一幅令人一辈子难以忘怀的美景。

🔳 从上空俯瞰，大堡礁若隐若现的礁顶如艳丽花朵，在碧波万顷的大海上怒放

🔳 食火鸟在悠闲地散步

　　沿着树林中崎岖的空中步道行走，在那古老的雨林中总能找到属于我们的乐趣。如果大自然喜欢安宁，那么我们也不会发出脚步声。如果大自然喜欢简单，那么除了共同的心情，我们不会携带多余的事物。

　　青绿的树叶上沾满了水珠，透过水珠，能够看到一个异样的世界。树下生长了一些叫不出名字的花朵，淡淡的蓝、淡淡的白，构成花儿的颜色。在浓郁的绿色衬托下，显得格外恬静、淡然。

　　生活中不是缺乏美，而是缺乏发现美的眼睛。森林里这些常见的野花，虽不是美得惊人，却能令人沉醉。怀有一颗柔软的心，不管是在沙漠还是在森林，都能发现美丽的事物。

　　在林荫里漫步，和大自然保持一样的呼吸，舒缓、绵长。森林里的雾气还没有完全散尽，迷迷蒙蒙，让人有置身于梦幻之中的感觉。人工修建的栈道，在森林里蜿蜒前行。人类文明的创造力和大自然的美和谐地结合在一起。阳光从缝隙里透射过来，在栈道上留下一个个光斑，仿佛给栈道铺上了一朵朵白色的花。迈着悠闲的步调，耳旁不时有清脆的鸟鸣。或有清风吹来，树影晃动，在栈道上的光斑也晃动起来，似乎在追逐树影。

　　从清晨走到中午，累了就停下来休息，渴了就到咖啡屋里喝咖啡。咖啡浓郁的香气飘散在空中，还伴随一股淡淡的苦味。放一块糖，搅拌后品尝，在苦味中能感受到一股香甜。一边品味咖啡，一边听着音乐，不去品味歌词的意思，只听那轻柔的旋律，也能让人身心倍感放松。

　　夜幕降临，昆士兰雨林更显示出与众不同的风采。我们走进雨林中的山庄，感受雨林中的夜晚。在夜色中，宁静地睡去。

沿途亮点

食火鸟

它是澳大利亚的特产，也是昆士兰温热带雨林的"土著"。食火鸟对发光的东西特别感兴趣，当它发现人类弃置的

■ 土壤被一层层的植被覆盖着，充满了绿色气息

炭火灰烬时，会吞下一些炭块。这也是它得名的原因。
它高大凶猛，当发现你威胁到它时，会向你发动攻击。

大堡礁

它是世界上最大最长的珊瑚礁群，是到达昆士兰州必去的
地方之一。它地理位置特殊而又险恶，周围有很多灯塔。
从空中俯瞰，你会发现一个巨大的心形珊瑚岛，与湛蓝的
海水相映成趣，互增光彩。

黄金海岸

澳大利亚人最喜欢的就是阳光。沙滩日光浴、冲浪是澳洲
人首选的休假方式。在昆士兰州有一处黄金海岸，被称为
"冲浪者的天堂"。在这里有很多主题乐园，比较有名的有
华纳电影世界、海洋世界和梦幻世界。

凯恩斯

国际著名的旅游城市，是进入大堡礁的重要大门，也是观
赏昆士兰温热带雨林的首选之地。凯恩斯的旅游设施很完
善，旅游产品种类繁多。另外，温暖的阳光、亮丽的沙
滩、穿比基尼的美女成为凯恩斯吸引人的亮点。

■ 倒在水里的大树依旧克服着地心引力，坚强地向上生长

Tips

❶ 昆士兰州有很多旅游景点，在探险完雨林之后，不
妨顺道看看其他优美的景色。

❷ 昆士兰温热带雨林中的食火鸟有击伤人类的记录，
遇到的时候，千万要躲开。

❸ 当地治安不是很好，注意人身安全。

地理位置：中国湖北省西部
探险指数：★★★★★
探险内容：穿越丛林、追寻文化古迹
危险因素：大型野兽、大雾、毒蛇、天坑
最佳探险时间：5-10 月

神农架原始森林

追寻野人的足迹

　　大雾初降，天地间白茫茫一片，待浓雾散去，久违的蓝天出现了，清澈无比。踏着野兽的足迹，向森林更深处前进。危险随时都在身边，应时刻保持警惕。大型猛兽，可以提前预警，而对于天坑，则束手无策，唯有小心翼翼。

　　如果你喜欢探险，如果你对野人感兴趣，如果你有足够丰富的野外生存经验，而且不想出国，那么神农架无疑是你最好的选择之一。神农架是中国内陆保存完好的、世界中同纬度唯一的亚热带雨林。

　　这里有苍峻挺拔的冷杉、古朴郁香的岩柏、雍容华贵的梭罗、风度翩翩的珙桐、独占一方的铁坚杉……它们枝叶繁茂，遮天蔽日，是神农架的重要组成部分。除了大量的稀有植物外，还有一些稀有的动物，如金丝猴、白熊、白鹤、金雕等，它们在林间肆意徜徉，生活得很愉快。

　　神农架的人文景观一样丰富，"野人"传说、神话传说、土家风俗……在古老的山林里，文化积淀成谜。

　　神农架文化遗存灿如繁星，民俗乡风淳厚质朴，古老而独特的神农架文化，就像一杯陈年老酒，香飘万里，沁人心脾，令人欣然向往。神农架还是中国古代四大文化种类的交会地。以神农架为原点，东面是楚文化，

■ 野人的传说让这里变得更加神秘

西面是秦汉文化，南面是巴蜀文化，北面是商文化。各种文化在神农架交流、融合，形成了神农架文化，它既保留了浓厚的原始古老文化的痕迹，又具有鲜明的山林地域风貌。

　　神农架的南部和北部，待客习俗略有不同。北部村落里很注重待客之道，为此还专门有一套完整的酒规；南部村落里比较简略，但也离不开酒，而且还美其名曰"喝冷酒"。不过，不管在南部还是在北部，山民们的打扮大致相同，男子带烟枪（抽旱烟），女子头

■ 神农架板壁岩

缠丝巾，少则几条，多则几十条。神农架山民有图腾，名叫"吞口"，是一种木雕。在每家每户的门口，会看到一个青面獠牙的脸谱，那就是吞口。

在神农架探险，一定要保护环境，同时还要注意安全。在神农架有一些区域还没有人类的足迹，神农架深处更有大型怪兽和毒蛇蛰伏，还有隐藏起来的天坑等。到处都充满了危机，最好不要孤身一人前去探险。现在，每年都有很多人在神农架失踪。

沿途亮点

神农顶

乃"华中第一峰"。峰顶终年云雾弥漫，岩石裸露，传说神农曾在此尝百草。另外，这里还有一个美丽的神话传说。山霸马皇用毒箭射杀了一对热恋中的男女，恰巧被神农看到。他撒下一把箭竹种子，把马皇围困在箭竹之中，变成了蚂蟥；神农抚摩男女的尸体，把男的变成了冷杉，女的变成了杜鹃。

板壁岩

箭竹漫山遍野，密不透风，野人时常出没，留下踪迹。它还是神农施药救人的地方。神农"架木为梯，以助攀缘；架木为屋，以避风雨；架木为坛，跨鹤升天"。现今，为了纪念神农，人们修建了神农祭坛，并且塑造了神农雕像。

■ 云雾缭绕，怪石嶙峋，姿态迥异，引人入胜

▣ 陡峭的群峰，氤氲的薄雾，美妙得如一幅惊世杰作

红坪画廊

劲松如伞，倒映潭中；潭上有桥，凭栏仰望；奇峰妙洞，幽幽静静；原始植被，如璎如珞；进入洞内，如梦如幻；五彩霞光，从天而降；潺潺溪流，金光波动；凉风习习，神采奕奕。红坪画廊，就如一幅美丽的画卷，令人流连忘返。

神农架野人

自古以来，神农架就有一种神秘的生物存在。《山海经》中最早记载了野人的形象。伟大的诗人屈原更在《九歌·山鬼》中生动地描绘了野人。唐朝、清朝也有很多关于神农架野人的记载。现代人探索发现了"野人"的很多毛发、粪便、大脚印等。

▣ 神农架机灵的金丝猴

Tips

❶ 最好配备防水卫星电话、专业 GPS 等。

❷ 户外救护装备，必备两种蛇毒血清，最好还有雄黄、急救医疗包。

❸ 高热量的压缩食品，如压缩饼干、军用干粮等。

❹ 携带绳索。因为神农架有看不见的天坑，一旦掉进去必须用绳索救援。

地理位置：非洲科特迪瓦北部
探险指数：★ ★ ★ ★ ★
探险内容：穿越原始森林
危险因素：猛兽、迷失方向
最佳探险时间：11 月至次年 2 月

科莫埃和塔伊原始森林

人猿泰山的逆袭

西非原始森林是目前保存最为完好的一处热带原始森林。在这里，生活着各种各样的动、植物，还孕育了著名的英雄——人猿泰山。

▣ 眼神犀利的动物

西非是热带原始森林景观保存较为完整的地区，林木茂密，野生动、植物繁多，其中科莫埃和塔伊两大原始森林区较具代表性。

科莫埃原始森林位于科特迪瓦北部，并建立有西非最大的自然保护区——科莫埃自然保护区。它的风景多样，还生长有南方植物，是苏丹草原和亚林地区之间的过渡带。230千米长的科莫埃河穿园而过，在茂密的原始森林形成了一条绿色通道。

在科莫埃自然保护区内，牧草、林木、灌木丛生，不仅有稀疏的柏树群，还有茂密的旱林和雨林。因而，一些生活在南部的动物也会迁居到北方来。目前，该园拥有11种灵长目动物，17种食肉目动物，21种偶蹄目动物，飞禽种类繁多。另外，园内的爬行类中还有10种蛇和3种鳄鱼。无论是原始的森林，还是多样的动物，都是值得探险的，吸引着无数游人前来观看。

塔伊国家公园以低雨林植被而闻名，1982年被列入《世界遗产名录》。该公园西邻利比里亚边界，东以萨桑德拉河为界，原为动物保护区，1972年开辟为国家公园，面积达3500平方千米，地貌以平原为主，南部有海拔623米高的涅诺奎山。由于气候因素，塔伊公园内生长着两种森林：一是主要由单性大果柏构成的茂密原始森林，二是由柿树所形成的原始森林。这两类森林区，堪称是地方性植物种类的巨大宝库。另外，公园里有数目繁多的野生动物，如黑猩猩、穿山甲、斑马豹等，各种猿猴、利比里亚矮河马、斑鹿羚和奥吉比羚羊为该地区所独有。

塔伊国家公园由于有丰富的地方物种和一些濒临灭绝的哺乳动物，因而具有重大的科研价值。在森林里有一种猩猩，它的学名叫大猩猩，是世界上现存的4种类人猿中个头最大的一种。毛色呈棕褐色或黄褐色。站立时，身高通常为1～1.7米，体重35～60千克，雄体往往较雌体更大更强壮。随着人类的猎杀和试验研究，它已经处于濒危状态。

在夜晚，你会看到一种会游泳的动物——穿山甲。其体形狭长，全身有鳞甲，四肢粗短。这种动物的舌头特别灵活，这也是它们能够以白蚁为食的原因。

为了保护动、植物，1926年，卡瓦利森林区保护公园建立，1933年又改为物种专门保护区。在保护措施下，绝大部分地区

■雨林一角

■ 可爱的当地儿童

仍保持原状，没有受到人类的影响。现在，塔伊国家公园是地球上为数不多拥有可观面积的热带原始森林地区，也是探险者的乐园。

沿途亮点

大猩猩

有着种种传说的大猩猩，被人们冠以各种称号，包括"野人""怪魔""霸王"。从身高和体重来说，"霸王"的称号也许更适合它们。也许人猿泰山就是以这种大猩猩为原型塑造的。

穿山甲

昼伏夜出，晚间觅食，遇敌则缩成球状，以白蚁、蚂蚁和其他昆虫为食的穿山甲，拥有锋利的爪子和灵活的长舌。它能熟练地利用前脚扒开蚁穴，吞噬蚁类。有时候，它们甚至鸠占鹊巢，取而代之，成为蚁穴的主人。

阿斯玛人

崇尚大森林的神灵，祈求祖先的庇佑，用独特的雕刻艺术来传承自己的历史。然而这都不是最重要的，他们还是天生的猎手，更有着食人的习俗。对于文明人来说，他们的习俗是残酷而又野蛮的。但阿斯玛人认为，吃掉敌人的身体是一种进行自我完善的方法。

Tips

❶ 注意防火。
❷ 有大型食肉动物，注意安全。
❸ 原始森林里有食人族，应加以注意。

地理位置：乌干达
探险指数：★★★★☆
探险内容：热带雨林
危险因素：悬崖、猛兽
最佳探险时间：12 月至次年 2 月

布恩迪山地森林

灵长目"巨人"的家园

探险者们可以进入那些茂密的热带树木之中，寻找大猩猩、尔氏长尾猴和枭面长尾猴等珍稀的灵长目动物；也可以用镜头捕捉格尔氏莺、察氏鹟和红胸蕉鹃等美丽鸟类最动人的身姿……

▶ 布恩迪山林中的大猩猩，眼神中似乎充满了惆怅和落寞

看过电影《金刚》的人都会为金刚巨大的力量所震惊，被它真挚的情感所感动。那么人们不禁要问，世界上真的存在这种怪兽吗？当然没有，这只是科幻电影导演和剧作家天马行空的遐想。但金刚的外形却是根据现实动物的外形设计的，譬如山地大猩猩——尽管缩小了数百倍，但它在灵长目动物中依然称得上是"巨人"。

想看山地大猩猩并不是件容易的事，现在，这种人类的近亲已经濒临灭绝了，据统计全球也不超过 1000 只。它们仅分布于非洲的维龙加山脉，而布恩迪国家公园正是观看这一神秘种群的最佳地点。

布恩迪森林位于东非，是该地区蕨类植物最多最茂密的丛林之一，被世人称为"不可穿越的丛林"，谷底长满灌木，和各种各样的草藤交织在一起，而且十分茂盛。其间更隐藏着沼泽地，四处都潜伏着危机，因此至今仍无人能够从这里穿越。对人类来说充满危险的布恩迪山地森林，却是各种动物的乐园。这里聚集着成百上千种动物，有 120 种哺乳动物、200 种以上的鸟类在森林里栖息，鸟儿们清悦欢快的鸣叫让布恩迪变得灵动起来。各种各样的蝴蝶伴着鸟叫声在山花丛中上下翻飞，五颜六色，森林也因此而流光溢彩。

山地大猩猩在密林中穿梭、游荡。它们

■ 从远处眺望，山峰上一块块的绿地似一面面旗帜，整齐排列

巨大的体形，看起来有些恐怖，它们强壮的肌肉，能发出令人惊叹的力量，可以轻易地折断手臂粗的树木。当它们怒吼时，张着大口，牙齿暴露，林中最凶猛的野兽也望风而逃。其实，它们是一种十分温和的草食性动物，如果不受到刺激，它们很少发怒，大部分时间在丛林中漫游，寻找各种可口的果实和枝叶。

■ 前来探险的游客

　　布恩迪国家公园海拔高度介于1190~2607米，北部最低，东部较高，其中卢瓦穆尼奥尼山最高。公园中有陡峭山峰和狭窄的河谷，那些山峰大多被绿色覆盖，宛如无边绿色海洋中掀起的巨浪；河谷中有充沛的流水，两岸遍布热带植物，覆盖着青苔的树根、树藤垂到水面之上，河水倒映着绿藤，呈现出一种十分柔和的绿。密林间不时传来阵阵鸟啼，偶尔一声兽吼，各种鸟遮天而起，喧闹立刻代替了幽静。

　　如今，这片美丽的山地丛林成了人们探险的乐园。探险者们可以进入那些茂密的热带树木之中，寻找大猩猩、尔氏长尾猴和枭面长尾猴等珍稀的灵长目动物；也可以用镜头捕捉格尔氏莺、察氏鹟和红胸蕉鹃等美丽鸟类最动人的身姿。如果你讨厌那些缠绕脚下的条蔓，讨厌树丛中巨大的热带蚊子的话，可以沿着那些泥土小路在丛林中穿梭，这里的小路四通八达，两边被浓密的绿色帷幕遮掩。游人可以雇一辆当地的吉普车，或者租借一辆自行车，也可以步行。在这里你可以

■ 郁郁葱葱的林木中蔓藤垂地，溪水淙淙，乍看，林口深处带点神秘

尽情享受悠闲的时光，恣意呼吸最新鲜的空气，最大限度地接近那些美丽的丛林生灵。

随着公园的不断开发，园方提供很多探险项目，即使那些没有多少探险经验的游客也能在公园内体验各种探险活动，如家庭住宿、露营、攀越高峰、丛林探险等。公园会提供专业人士指导游客进行探险，使游客在享受刺激的同时又不会面临太多的危险。喜欢非洲风光，喜欢茂密雨林，并想进行探险体验的游人切不可错过此处美景！

沿途亮点

山地大猩猩

是一种濒临灭绝的珍稀动物，由于它们粗鲁的面孔和巨大的身材，看起来十分恐怖。但实际上，它们是非常平和的草食性动物。山地大猩猩大部分时间在森林里闲逛、嚼树叶或睡觉。

岩壁洞穴

这些岩壁和其间的洞穴是进行攀岩和洞穴探险的极佳场所。喜欢这些运动的游人，可以得到更多的乐趣。只需爬上那些不太高的崖壁，进入那些幽深、秀丽的峡谷，你就会看到那些沿着平坦的道路很难看到的深山美景——清澈的湖泊、潺潺的山溪、飞泻不息的瀑布。

Tips

❶ 为保护山地大猩猩，当地政府严格控制旅游人员数量，每天只发放 10 张观看大猩猩的许可证。

❷ 当地治安不是特别好，游人最好入住那些比较正规的旅店，并看守好自己的物品。

❸ 山地中的流水中会携带一些容易导致肠胃不适的细菌，不要随意饮用。即使在外面野炊也最好使用桶装水。

地理位置：南美洲秘鲁
探险指数：★★★★☆
探险内容：热带雨林、安第斯高山
危险因素：山势陡峭、猛兽毒蛇
最佳探险时间：5～10 月

马努热带雨林

★ ★ ★ ★ ★ ★ ★ ★ ★ ★ ★ 地球上的处女地 ★ ★ ★ ★ ★ ★ ★ ★ ★ ★ ★

　　无数危险横在前进的道路上，只有那些最勇敢、最有经验的探险者才能在这里生存下去，穿越茂密的原始雨林并安然返回。

■ 湛蓝的天空下，茂密的雨林区东西走向，形似新月，宛如屏障

　　"文明正在逼近！"这是马努地区的热带雨林在拼命地呐喊。各种各样的破坏、砍伐和猎杀正在将这片雨林推向绝路，也许不久的将来，我们就再也无法看到这里的美景了。

　　这片面临着巨大威胁的雨林是地球上生

物多样性最丰富的地方，这里拥有15000多种植物、1000多种鸟类和上百种哺乳动物，仅灵长目就有13种之多。茂密的热带雨林是美洲虎和巨蟒的天下，它们在参天巨树中穿行，躲在灌木丛中、河边、湖畔，静静地等待着猎物的到来。貘、美洲豹、眼镜熊、豹猫等也在丛林中游荡、捕食。吼猴、绢毛猴、僧帽猴、猩猩在巨大的树冠上爬来爬去，到处寻找着甘甜的果实。金刚鹦鹉、翠鸟、犀鸟则一边展示着美丽的羽毛，一边演奏着动听的丛林之声。

这里最美的生物是蝴蝶，据统计，整个马努生物保护区中蝴蝶的数量多达1200种。每到雨后，它们便在湖畔、河边的草丛中翻飞不止，这些蝴蝶小的不过指甲盖大，大的一扇翅膀便能盖住手掌，粉红的、杏黄的、黑亮的、闪着彩色光芒的、纯白无瑕的……各种蝴蝶一齐纷飞，如同纷纷落花，却比那些落花更加生动，更加迷人。林间的瀑布也是它们经常聚集的场地，这里水雾纷飞，彩虹连连，美丽的蝴蝶围绕着瀑布翩翩起舞，仿佛在与彩虹比谁更漂亮。

高大的安第斯山脉，群峰连绵，巍峨高耸，从山脚开始，雨林之上是草地，草地之上是针叶林地，再向上是苔藓荒原，一座山峰观尽四季风采，处处是奇，处处是美。山溪沿着沟谷奔流而下，撞开岩石，劈开群峰，汇入亚马孙河的上游。群山之中有很多壮丽的瀑布，它们有的极为广阔，绿树顽石夹在绿树中间，形成一处处神秘的"水帘洞"；有的飞流高悬数百米，远远望去，如天间白练长垂而下。

林间的亚马孙支流回环屈曲，乘着小船沿河而下，四周一片郁郁葱葱，只在河上可见条状的蓝天。碧绿的河水中，有时水草茂盛，有时藤蔓横生，巨大的河鱼在水中游动，泛起层层涟漪。想到巨鳄、大蟒、食人鱼的传闻，让人不禁遍体生寒，紧紧地贴着船壁，唯恐失足坠入河中。透过舷窗，可以看到巨大的凯门鳄在河边的沙滩上懒洋洋地晒着太阳；大水獭在浅滩边追逐着游鱼，那笨重的身体竟然灵巧异常；美丽的金刚鹦鹉在河边树冠上忽起忽落，展示着美丽的身姿。

在马努生物保护区中还有铺设精致的小径，沿着这些小路可以来到不同的丛林——竹林、棕榈林、榕树林、淡水沼泽、旱地沼泽等，不同的地形中存在着不同的景观，生活着不同的动物。美丽的马努生物保护区，简直可以称得上是天设的丛林展览馆。

冒险家们对这片和安第斯山的高峰连成一片的热带雨林情有独钟，最早的驱动力是印加黄金城。西方人为了追求财富来到这片美丽的土地上时，就听到了关于黄金城的传说：茂密的秘鲁雨林中存在着一个完全用黄金打造的城市，在这座城市中道路、房屋都铺满了黄金，人们身上戴满了金灿灿的首饰……这个传说让到处寻找宝藏的西方探险家们激动不已，几百年里有无数想找到黄金

▣ 雨林一角，一头猎豹怒视前方

城的探险者沿着亚马孙河支流进入浓密的雨林深处，但一直没有任何人成功，很多人自从进了原始雨林，就再也没有出来。

现在，很少有人再为了寻找传说中的黄金城而进入马努地区的雨林了，但每年都有一些探险者、科学家为了探索这片神秘的森林中的秘密，为了发现更多的动、植物而深入丛林内部。这是一项极其危险的活动，雨林中几乎没有修好的道路，人们只能沿着那些生活着食人鱼的河流溯流而上，在落满巨型蚊子的河汊间探寻道路。然后，离开船只进入更加危险、更加未知的茫茫绿海中探索。美洲豹、巨蟒、鳄鱼、毒蛇、毒蜂以及不愿被世人了解的印第安原始部落……无数的危险横在前进的道路上，只有那些最勇敢、最有经验的探险者才能在这里生存下去，才能穿越茂密的原始雨林并安然返回。

沿途亮点

卷尾猴

卷尾猴体长 48~50 厘米，尾巴却长 50 多厘米，常利用长尾将自己倒挂在树枝上。头顶和额部的毛像戴着一顶绒帽，面部有许多皱纹，目光深沉，喜欢长时间地待在一处一动不动。

水獭

马努河里的大水獭是赫赫有名的，最大者体长可超过 2 米，体重达 30 千克，堪称世界"水獭之王"。由于毛皮质地特别好，因而招来了杀身之祸，目前数量极少，被列为世界濒危动物之一。

Tips

❶ 可以乘飞机直接飞往博卡马努，进入雨林的核心区域。也可以从陆路在库斯科出发，穿越长满兰花的丛林。

❷ 提前自备丛林探险向导，遇到美洲豹、巨蟒等切不可惊慌，对方没有进攻意向切不可主动招惹它们。

❸ 在 U 形湖边观景之前一定要密切注意水下是否隐藏鳄鱼。

▣ 落日余晖下，水面一片金黄

地理位置：东南亚马来群岛中部
探险指数：★ ★ ★ ★ ★
探险内容：热带雨林、火山景观
危险因素：毒蛇、猛兽
最佳探险时间：全年

婆罗洲雨林

寻找丛林部落

神秘的传闻、深邃的历史文化、丰富的动、植物，在这里创造出了一片最迷人的探险胜地。

▣ 繁茂的雨林上空，长绳吊桥径直通往密林深处蘑菇状的小亭

这里有着世界上最长的蛇，世界上最大的飞蛾，世界上最小的松鼠，世界上最小的兰花……这里的一切都那么奇异，从颜色像成熟的番木瓜果的"唇膏棕榈"到千奇百怪的大眼鲷和各种热带鱼，在这里你能充分感觉到造化的神奇、世界的丰富多彩。

位于地球赤道上的加里曼丹岛，又称为婆罗洲，面积排列世界第三，岛上覆盖着原始森林，森林面积位列世界第二（南美洲亚马孙河流域的热带雨林是世界第一）。由于气候炎热，所以这里是各种热带动、植物的天堂，长臂猿、犀牛、大象、巨猿，以及各种昆虫和爬行动物在这里生活得优哉游哉，十分惬意。

这座岛上有很多美丽的动、植物：马来西亚的大花草能开出世界上最大的花；婆罗洲象是该岛上特有的动物，也是当地人最好的动物朋友；色彩绚丽的犀鸟被奉为马来西亚的国鸟，聪明得可以做出各种表情；婆罗洲黑猩猩在浓密的雨林间蹿来蹿去；滑稽可笑的长鼻猴在枝头跳跃，尽情地展露着它们十分突出的长鼻子以及被太阳晒得黝黑的皮肤。

雨林中地势起伏，有很多覆盖着厚厚丛林的高山，这些山中充满了各种神奇的传说。有人认为那里面有消失的远古城市，城市中存在着无数的文物宝藏；有人说日军侵略时期曾经在那些茂密的雨林中建立了碉堡，失败时他们在那里埋藏了大量的黄金，直到现在那些黄金还沉睡在某个未被人发现的地方；还有人说那里面有古代王国的圣殿，圣殿里的佛像上都镶嵌着价值连城的宝石；也有传

▣ 婆罗洲雨林植被茂盛，高耸入云的山峰宛如一面摆动的旗帜

说雨林中有巨大的钻石山谷，山谷中铺满了晶莹夺目的钻石，每一颗都能让人一辈子衣食无忧……

早期婆罗洲受印度文化影响，很多地方出土过5世纪末的梵文碑文及一些不同时期的佛像，另外也发现了11世纪时爪哇式的佛像与印度教的神像。在那些繁茂的热带雨林中，的确存在很多神庙、城市的遗迹，也许正是因此，这片雨林中才有了无数的关于宝藏的传说。几十年来，无数探险家来到这里，他们深入茂密的丛林之中，寻找珍稀的动、植物，寻找遗失的古迹，寻找隐藏在密林深处的丛林部落。

在深山中存在很多巨大的山洞，山洞中怪石林立，恍如隐藏在雨林中的世外桃源。有些居住在山中的人便把他们的屋子建在高大的山洞之中，形成一个个洞中村。随着旅游业的发展，很多居住在山洞中的人已经了解了外面的发展，甚至会讲几句简单的英语。探访这些古老的原住民也是极其快乐的探险趣事。穿过茂密的丛林，沿着崎岖的山间小路，到达那些被时间遗忘的山洞村落，体验这些纯朴的原住民悠闲又惬意的生活。

但这片雨林也存在种种危险，巨大的蟒蛇、灵敏的丛林猎手花豹、各种色彩鲜艳的毒虫以及暗藏在绿色之中的沟谷、冒着浓烟

▣ 盖满植被的悬崖上，瀑布一泻而下，活力四射

■ 稀疏的小岛上苍翠欲滴的植被数不胜数，湖面平静，宛如盛开的百合花

的火山……尤其是在一些火山附近，有毒的气体从岩石缝中渗透出来，积聚在山下的沟谷中，成为一片死亡的禁地，然而，这还不是最可怕的。那些背风、气流不通的沟谷才是这里最可怕的杀手，里面积满了二氧化碳，茂密的植物覆盖了一切土地，从外面看不到一点儿异常，但一旦不慎进入，很难全身而返。

在婆罗洲的中部地区，有个危险的地方，那里被人们称为"黑暗的森林"。森林里面住着一个令人生畏的土著族，这就是专门猎取人头的达亚克族人。达亚克族人在原始森林里过着自给自足的生活，他们不愿与外界人过多接触，更不允许外界人进入他们的驻地。这个神奇的部落为这片森林增加了更多神奇色彩，使这里成为最具挑战性的探险胜地之一。

沿途亮点

赤道纪念碑

位于印度尼西亚西加里曼丹省首府坤甸，距离市中心约3000米，是南半球和北半球之间的分界线。

婆罗摩火山

处于印度尼西亚，世界著名的十大活火山有3座在这里，其中最美丽的莫过于婆罗摩火山。在熔岩面积达近百平方千米的火山群中，婆罗摩火山宛如襁褓里的婴儿，年轻而充满活力。

Tips

❶ 婆罗洲地区现在有很多信仰伊斯兰教的地方，游人前去时应了解当地的习俗和宗教信仰，以免发生冲突。

❷ 游人前去最好结伴出游，并与当地政府机构、领事馆等保持联络，夜晚不可到处乱跑，以免发生危险。

❸ 婆罗洲的雨林中蚊虫众多，进入前自备驱蚊花露水、消毒、止泻药物。

❹ 进入火山附近的峡谷、深洞时要查探其中是否含有有毒气体，最好随身携带便捷氧气瓶。

地理位置：哥斯达黎加
探险指数：★ ★ ★ ★ ☆
探险内容：热带森林
危险因素：深谷、毒蛇
最佳探险时间：全年

蒙特维多云雾森林

✦✦✦✦✦✦✦✦✦ 密林中的巨蟒惊魂 ✦✦✦✦✦✦✦✦✦

　　这里是世界上最美的花园，在这里你能看到各种高大的树木，它们生长了几百年，树干上长满了斑驳的苔藓，这是岁月在它们身上留下的最美丽的痕迹。

■ 宛如勺状的湖泊，默默地诉说着千百年来雨林中的传奇

　　哥斯达黎加的蒙特维多云雾森林可能是世界上最适合丛林穿越探险的地方了，那些平缓的长满热带植物的山谷、流淌着充沛溪水的幽涧、铺着厚厚落叶的林间小径、森林间大片裸露的石滩都是十分理想的探险旅游景点。也许你会说这些其他的

森林也有，但这些景色一旦被潮湿的空气所包围，弥散在幽谷山涧缭绕的云雾会瞬间消散。即使那些铺设整齐的山间石板道，位于浓雾中时，也变得丰富多彩起来，让游人行走在其中仿佛处于迷宫、仙境一样。

在这里你可以沿着那些流淌在林间的小溪溯流而上，当然在它们形成瀑布的地方需要绕行，除非你是个穿越高手，并携带了攀岩器械；你可以在清潭边休息，甚至浸泡在那些干净又不太寒冷的潭水中洗个澡。沿着溪流而行是用相机捕捉动物们的身影最好的路线。在蒙特维多云雾森林中可以看到各种红红蓝蓝的鸟类，众多跳跃在树上的猴子，以及来到溪边饮水的鹿等动物。

更具挑战性的探险方式是拨开那些茂密的热带植物，拉着长长的湿滑藤蔓在那些百年巨树中开辟新的前进道路，当然这很有难度，而且充斥着各种危险。被绿叶掩盖的蜂巢、隐藏在树枝上的毒蛇、吸附在树皮上的

■一片新生的叶面上，毒箭蛙眺望远方

爬虫、光滑如冰的石崖……当你行走在这片迷浸着云雾的密林中时，你不知道前面有什么危险的地形，有什么可怕的动物，但这也正是它的魅力所在。

除了惊险刺激的探险之旅，这里也是观赏热带雨林美景的最佳场所。在这里你能看到各种高大的树木，它们生长了几百年，高山之上，松柏挺拔的身姿直插天空，掩映在低矮灌木中的树干上长满了斑驳的苔藓，这是岁月在它们身上留下的最美丽的痕迹。浓绿的阔叶林遮天蔽日，凤梨、桫椤、香蕉树随处可见。高大的树木下生长着低矮的蕨类、苔藓、藤蔓植物，它们将森林打扮得五颜六色，妙不可言。美丽的兰花开着淡雅的花，丝毫不会因在密林深处而失色；美丽的海芋被称为"滴水观音"，在水汽缭绕的雨林中如同刚出浴的少女，身上的水缓缓滑落；那些奇形怪状的松柏，如同看尽千年沧桑的老人，默默地诉说着千百年来雨林中的传奇；高耸入云的望天树，则是这片广袤丛林中的智者，将各种生存的智慧教给丛林中的小动物。

这块位于哥斯达黎加山地中的丛林，规模如此之大，景色如此之美，让到此的每一个人对大自然都生出深深的敬畏。当你行走在那些连接山沟两岸的吊桥上时，四周都是葱茏的碧绿，俯视桥下，云雾弥漫，不同的鸟在耳边演奏着一场生命的交响乐，此时身心都会得到最完全的释放。吊桥的另一端直入密林深处，仿佛一个黑黑的山洞，让那些久久生活在钢筋水泥中的人感到好奇，又有些害怕，不知道那密林深处藏着什么秘密。其实，走进去才发现，除了生命和美，这里什么都没有，这些看似陌生的景色才是大自然真正的面目，远比那些高楼大厦、街巷商场更加真实，更容易让人亲近。

■ 蒙特维多云雾森林上空浓雾飘浮不定，林木若隐若现，给人一种神秘感

■ 罗马天主教堂

森林景区中有很多美丽的小木屋，它们散布在丛林深处，在这里游人可以坐下来休息。坐在小木屋中，看着可爱的猴子们跳来跳去，偶尔还跑到游人面前，伸出手讨要食物，逗得大家一阵大笑。山间有很多水流充沛的小溪，在密林中它们仿佛从树梢上忽然出现，飞流直下，溅起片片水花。溪流将周围的植物洗得干干净净，挂着水的阔叶绿得耀眼，几只雨蛙浮在绿叶丛中，翠绿的身子和绿叶几乎融为一体。这些可爱的小精灵，让人想起童话故事中的青蛙王子，忍不住想去把它们捧在手中，好好观察一下。

景区中的旅馆，装饰美丽而自然，丝毫没有破坏这大花园的和谐与精彩。在丛林中玩累了，游人可以在旅馆中好好地洗个热水澡，躺在柔软的大床上。房间里打开窗子就可以摸到碧绿的叶子，看到潺潺的流水，早晨起来，太阳的余光透过绿叶，照射到床上，一天的美好心情早早地就拥有了。

不可不游

圣何塞

哥斯达黎加首都，气候宜人，四季如春，鲜花盛开，马路两旁种有金合欢树，茶花和玫瑰花栽满各家庭院，一片葱绿，整个城市宛如一个大花园，因此，圣何塞又有"花城"之雅称。许多古老建筑至今仍保持着一二百年前的风貌。

波阿斯火山

位于哥斯达黎加中央谷地的西北部，是现存为数不多的活火山之一。火山顶端的火山口内有上下两个湖，由于火山的活动，湖中喷出一阵阵白色气体，发出巨大的沸腾声，接着冲出100多米高的巨大水柱，形成世界上最大的间歇泉。随着气温变化和火山活动情况，湖水颜色变幻不定，有时呈蓝色，有时呈灰色。

Tips

❶ 在山下有很多马场，新雨过后，租马漫行也是个不错的选择。
❷ 注意雨林中最毒的蝮蛇，会让人在极短的时间内窒息而亡。当地人专门为探险准备的厚长袜，对于防止被毒蛇和其他毒物咬伤十分有效。
❸ 景区内有很多凌空搭建的观光木道，它们位于峡谷森林的上方，是观赏云雾、森林美景的最佳方位。

第三章

峡谷寻幽

大自然的力量是无穷尽的，

在一次次的剧烈的地壳运动中，

一些地方被抬升，

一些地方被降低，

形成了深深的峡谷。

在谷底观天，

有时如同一线。

悬崖峭壁，

在大自然的鬼斧神工之下显得瑰丽多彩。

身处峡谷之中，

你会感到压抑，

仿佛天地都变小了。

左图：山谷中的岩石经受了数千年的风霜雨雪侵蚀，
气势宏大

地理位置：中国云南西北部怒江州境内
探险指数：★ ★ ★ ★ ☆
探险内容：溜索、民俗风情
危险因素：山体塌方、泥石流
最佳探险时间：10 月至次年 2 月

怒江大峡谷

★ ★ ★ ★ ★ ★ ★ ★ ★ ★ ★ **体验峭壁中的茶马古道** ★ ★ ★ ★ ★ ★ ★ ★ ★ ★

　　一条磅礴的大河从峡谷中奔涌而出，庞大的水流冲击着两岸，发出巨大的声音。高山、深谷、飞瀑、大江，组成了一幅壮丽的画卷。惊涛骇浪中无法行船，唯有铁索横江，溜索而过。激流在脚下奔腾，绳索在手中晃动，惊险而又刺激。

■ 云开雾散，山势扑面而来，磅礴巍峨，令人怦然心动

　　真正的旅行不在于走过了多少地方，而在于成就了多少次自己。沙漠和森林，两个截然不同的世界。穿越过沙漠，漫步过森林。对于峡谷，我们必然也会尝试探索。

　　怒江大峡谷是云南境内最雄伟的大峡谷之一。去过昆明，游过大理，怒江大峡谷自然也不会错过。城市的文明和大自然的美景都是令人欣赏的事物。

　　从六库出发，沿着怒江大峡谷一路北上。农历正月是傈僳族一年一度的澡堂会。春天来了，木棉花也盛开了，如火如荼。在怒江边上的温泉迎来了四方宾客，沿江遍布帐篷。由于目的地不是此处，加上时间尚早，活动还没开始。我们稍作停留，便继续北上。

　　站在老虎跳的地方，想起一部电影《怒江魂》。电影中的女主角站在此处，跳下怒江殉情。此时此地，当然没有女主角的身影，有的只是我们这些外来者。从这里向下望着流淌的怒江水，思绪万千。

■ 生活在怒江边的少数民族

在云南，有很多人信奉基督教，沿途不时会出现一座座教堂。在途中，我们路过了老姆登基督教堂。"老姆登"是怒族语，意思为人喜欢来的地方。据说，这座教堂是20世纪初由法国传教士主持建造的，至今仍被村民用来做礼拜。

溜索是渡江工具。一根长长的粗粗的铁索，从江这头拉到江那头，人们要想渡江，就要从铁索上"溜"过去。从溜索上渡江是一项惊险刺激的体验。江水在身下发出怒吼。在岸上不觉得江水有多急，也不觉得水声有多大。等到了江上方，孤身悬于溜索之下，才觉得它是如此恐怖，摄人心魄。心惊胆战也好，心平气和也罢，不管怎样，箭在弦上

■ 怒江穿梭在峡谷之间，水势汹汹，奔腾激荡

■ 怒江水犹如猛虎下山，愤怒地咆哮着扑向巨石，水花迸射，惊涛拍岸，山谷轰鸣，震耳欲聋，蔚为壮观

不得不发，已经到了江心，即使返回也是同样长的距离。

如果说溜索能使人感到惊险万分，那么怒江第一湾则会使人目瞪口呆。当面临怒江第一湾的时候，你才发现，即使是学富五车的才子在此刻也江郎才尽，无法用言语去描绘它的壮阔和雄美。云雾缥缈，巨大的山体或隐或现，半遮半掩，如害羞的姑娘；抑或云开雾散，气势磅礴，令人怦然心动。

无限风光在险峰。也许只有经历过艰难的攀登，看到的景色才是最美的吧。

沿途亮点

贡当神山

贡当，在藏语中意为"白色雄狮"。丙中洛的贡当山远看像是一头雄狮，而且山上都是乳白色羊脂玉大理石，因此

得名。丙中洛有10座神山，贡当山为其中之一。贡当山有仙人洞、仙女峰和象屏风等景点，风景优美。站在山顶远眺，可看到丙中洛坝子的全貌和怒江第一湾的磅礴气势。

石门关

又名"纳依强"，意为神仙也难通过的关口。在这里，怒江两岸峭壁高耸入云，地势险要，有"一夫当关，万夫莫开"之险，是怒江通往西藏的北大门。

那恰洛峡谷

是青藏高原与云贵高原转换地貌地带，地形独特，风光优美，是怒江峡谷中最大、最美的峡谷，全长65千米，由此峡谷北上可抵达西藏。

Tips

❶ 峡谷地形复杂，最好请一个当地人做向导。
❷ 此地有多个少数民族聚居，应注意当地的风俗禁忌。

地理位置：欧洲卢森堡境内
探险指数：★ ★ ★ ☆ ☆
探险内容：历史遗迹、自然美景
危险因素：地势险要
最佳探险时间：6-9月

佩特罗斯大峡谷

★ ★ ★ ★ ★ ★ ★ ★ ★ ★ 新与旧的天然分界线 ★ ★ ★ ★ ★ ★ ★ ★ ★

　　佩特罗斯大峡谷在细雨的笼罩下，仿佛相依相偎的恋人，情意绵绵，如梦如幻。大峡谷两壁长满树木，在烟雨朦胧中更加葱翠青绿。大峡谷里有自然美景，峡谷旁则有浓郁的人文气息，一座大桥将城堡和都市连接起来，这种连接是古老和新兴的对接，更是历史和现代的对接。

■ 城市中没有了昔日的喧嚣，一切都是那么清新

　　乌云密布天空，光亮被掩藏起来，只有远处的天边，明亮的光偷偷探出头来张望，瞬间雨滴落下，淅淅沥沥，天地之间，被雨丝占满，万物被细雨润泽。整个世界在雨雾中自有一番别样的情调。

　　卢森堡市的雨天纯净通透，充满大自然的气息。倘若在这样的细雨中打伞，那么就是糟蹋了大自然的恩赐，所以在这样的天气里要站在雨中，任凭细雨落在头、肩、手臂上，感受那丝丝缕缕的凉意一点一滴渗进皮

■ 卢森堡教堂是著名的观光胜地

肤，融进血液。

卢森堡的雨天是静默的，这个时候不需要任何语言，只要在街头慢慢行走就很好。马路对面的金色雕塑是一个女郎，女郎手持花环状的圆圈，身穿连衣裙，雨水落在她身上，那连衣裙似乎也贴在了身上，将她的身材衬托得更加凹凸有致。

我们挥手与金身女郎辞别，继续游荡在街道狭窄而又古朴的老城里。前面又是一座雕塑：一女一男在街边，美丽的女子躺在棺木上睡着了，脸庞十分安详。男子静静地注视着她，他头上有鲜血流下，将胸前的皮肤都染红了，但他却毫不在意，只是爱意满满地望着眼前的女子。

从古城到新城，要穿过那座大桥。桥下便是美丽的佩特罗斯大峡谷，它很决然地将新老城区分隔开，却又很巧妙地将它们连接在一起。桥边有台阶通往峡谷深处，我们沿着台阶向下，去往峡谷深处探幽。

峡谷本来十分深幽，但因笼罩在一片雨雾中，反而显得广阔有余、深幽不足了。在烟雨朦胧中，我们听到潺潺的流水声，循着声音望去，可以看到一条溪流在茂密的树林下曲折蜿蜒，若隐若现。想要游览峡谷，步行不是最佳的选择。在桥底，有一趟名为佩特罗斯快车的旅游专车，车上配有多种解说峡谷风情的语言，搭乘此车游览峡谷，是最好不过的体验了。

大峡谷曾经是战场，这个兵戎相见、杀气冲天的地方，如今却因为一对对情侣们而变得安宁和美丽起来。那相依相偎的情侣们，更是现在大峡谷的一道亮丽风景。

■ 俯瞰大峡谷，青翠的植被郁郁葱葱，感受大自然最纯净的气息

沿途亮点

卢森堡古堡

它修建于 1644 年，是卢森堡最具历史感的文物。古堡下面建有地道、暗堡，工程复杂至极，具有严密的防御功能。这座古堡，历经多次血与火的考验，具有重要的战略意义，是兵家必争之地。1994 年，联合国教科文组织把它列入《世界遗产名录》。

圣母教堂

这座教堂建于 17 世纪初，开始时是作为教会学校使用的。1935 年，这座建筑进行了扩建，从此成为圣母教堂。教堂内部金碧辉煌，内部装饰有名贵的雪花石膏雕像。

宪法广场

在峡谷旁的宪法广场是观赏峡谷的最佳位置。站在宪法广场最高处，可以看到阿道夫桥和夏洛特桥。它们悬于绝谷之上，气势如虹。在宪法广场上还有一处英雄纪念碑，是为了纪念"一战"中死去的卢森堡战士。它在"二战"时被毁，战后重建，具有双重意义。

Tips

❶ 卢森堡的交通很方便，各地都有火车站，公路网全面覆盖。

❷ 当地治安良好，但是在人员密集之处也要注意防盗。

地理位置：南美洲秘鲁
探险指数：★★★★☆
探险内容：漂流
危险因素：激流
最佳探险时间：5~10月

科尔卡大峡谷

★★★★★★★★★★★ 寻找外星人基地 ★★★★★★★★★★★

山鹰像一架飞机从头顶呼啸而过。巨大的翅膀在峡谷中留下了一片阴影。一只皮筏在水面漂流。皮筏上的人们奋力地划着船桨，似乎想要追逐流逝的水流。两岸悬崖峭壁，不远处的死火山上，熔岩累积，或有原野，或白雪皑皑。

■ 俯视大峡谷，神秘、雄奇、粗犷，峡谷中的河流宛如巨龙从天而降

科尔卡大峡谷是一个横穿安第斯山的峡谷，全长90千米，有3400米的深度，距离阿雷基帕城市大约4小时的车程，四周是安第斯山高原和雪山。到科尔卡去，一般都会穿过盐泽和浅洼地布兰卡自然保护区。美丽的旷野生活着南美驼羊和多种安第斯山动物。

奇瓦伊是这个峡谷中的主要乡镇。在这里，探险者们可以稍作休息，享受温泉和尝试这里的美食。科尔卡峡谷是秘鲁的主要旅游地之一。凡是到这里来的探险者，几乎都会挑战穿越这个峡谷的河流。在快流中漂流，是一项巨大的挑战，充满了刺激和激情。

在峡谷里，气温变化很大，早晨和晚上，温度在1℃左右，而到了中午，气温会上升到25℃。所以，探险者们一定要准备好薄厚不同的衣服。

在科尔卡峡谷上的山脉间，错落着几十座死火山。在火山周围或是山麓，或是原野，或是已经固化的黑色熔岩。火山灰含有丰富

■ 游人登山观看山鹰飞翔，巨大的山鹰在空中翱翔

■ 奇瓦伊独具特色的民居

的矿物质元素，一些仙人掌和粗茎凤梨属植物在上面生长。据科学统计，这里生长着20多种仙人掌和170种飞禽。飞禽中最大的是山鹰，每只翅膀的长度在1.2米左右，被认为是世界上最大的飞禽。在奇瓦伊有个叫"山鹰十字架"的地方，这里是观看山鹰飞翔的最好的地方，从这里还可以看到很多火山的山顶。

科尔卡当地最大的特色就是手工艺品，如彩色的边缘绣花，白铁制成的物件，蜡烛和雕刻的木制品等，或色彩艳丽，或形象逼真，充满艺术美感。

科尔卡峡谷，被当地人认为是世界上最深的峡谷。其实不然，经过测量，科尔卡峡谷的深度只有3400米，中国的雅鲁藏布大峡谷是它的两倍，而科尔卡峡谷长度也只有90千米。纵然如此，科尔卡峡谷有自己独特的魅力。去秘鲁探险，科尔卡峡谷是不能错过的地方。

沿途亮点

阿雷基帕

它在 2000 年 12 月被联合国教科文组织列入《世界遗产名录》。这座城市里设有大学、博物馆、教堂等，还有温泉、印加文化遗迹。另外位于此城的秘鲁大型运动场，曾于 2004 年举办过美洲杯足球赛。

山鹰十字架

这里是观赏山鹰最好的地方。一只只巨大的山鹰在空中翔翔，远处的火山作为它的背景，组成一幅非常壮观的画面。

Tips

❶ 即使是白天，这里的温差也会很大，因此最好准备好各类衣服。

❷ 漂流时注意安全，最好会游泳。

▪ 奇瓦伊小镇就坐落在大峡谷，象征翱翔展翅之城

▪ 对于喜欢冒险的旅游者，穿过这个峡谷的河是非常刺激的挑战

▪ 最深的一个峡谷的奇特地貌

地理位置：中国云南迪庆藏族自治州

探险指数：★ ★ ★ ★ ☆

探险内容：徒步峡谷

危险因素：山体落石

最佳探险时间：春、夏两季

金沙江虎跳峡

缝隙中仰望蓝天

　　或有猛虎，从石上跃起，跳过峡谷，为虎跳峡也。虎踏足之石，为虎跳石也。巨石如孤峰突起，在江中屹立。江水与之互搏，发出隆隆巨响，山谷随之轰鸣，不能断绝。江水一去不复返，巨石岿然不动千百年，也许它在等候谁的到来。

■ 高耸的峡谷，水面开阔，水流从黝黑的峡谷中溢出

　　玉龙雪山和哈巴雪山中间有一条夹缝，上游的金沙江流经长江第一湾——石鼓镇后，便北上来到此处，然后穿过大夹缝，再顺流直下。而这个穿越造就了壮观位列世界之首的大峡谷，也造就了著名的景观——虎跳峡。

　　虎跳峡的深，名列世界峡谷第一；虎跳峡的险，也位居世界峡谷之首。虎跳峡全长

■ 江水在山谷中急流飞涌，势如猛虎下山，形成了著名的虎跳峡

仅 16 千米，上下水位落差却达到 170 米，其中有 7 个陡坎错落，山势之陡，水势之汹，均为世上少见的景观。虎跳峡分 3 段，分别为上虎跳、中虎跳、下虎跳。

　　想要参观虎跳峡，首选是从下虎跳进入，最佳的入口在丽江市大具乡。下虎跳的深壑纵深 1000 米，这里水流湍急，溅落在礁石上，形成惊天浪涛，十分雄壮。而这也是虎跳峡风景最美的地方。下虎跳和中虎跳之间仅隔着一处名为"滑石板"的险境，过了滑石板，便能看到中虎跳中最险的礁石区，这里又因礁石众多而被命名为"满天星"。沿着中虎跳到达上虎跳，便到达峡谷中最窄的地方。上虎跳的江心屹立着一块巨石，将湍急的水流一分为二，水流冲击巨石发出惊天动

■ 俯瞰虎跳峡一角，连绵的山峦，峡谷中的河流逶迤千里

地的声响。让人听了心惊胆战。而虎跳峡的名字也是因这块巨石而起：传说有一猛虎曾经从玉龙雪山一跃而到巨石上，再一跃而到对面的哈巴雪山。

在下虎跳和中虎跳之间的陆地上，有一个名为"核桃园"的村落，石板搭建的屋舍古朴而又别具风情，是来虎跳峡旅游和探险落脚的好去处。夜深人静之时，围坐在石板屋里的火塘边，望着熊熊的火焰，耳听松涛声阵阵传来，其间夹杂着劲猛的江涛拍击山峡岩石的轰鸣声，让人在奇特又惊恐的体验中度过一个与众不同的夜晚。

虎跳峡的徒步路线十分美妙，而且也很经典。在北面的哈巴雪山半山腰一路前行，绿荫繁茂，山花灿烂，脚下是惊险奇绝的水流，头顶是湛蓝的天空和洁白的云朵，对面是美丽的玉龙雪山。置身在这样的空间里，恍若行走在世外桃源一般。

沿途亮点

头场滩

它是虎跳峡的入口。奇石满堆，千姿百态，人只能在乱石中走，恍若置身于怪禽异兽群中。这里两岸峭壁耸立，中间湍水淙流。江左有仙人桥，是仿效四川栈道修建的行人道，路面崎岖，上有突石，下临深渊，是锻炼胆量的好地方。

大具

这是一个历史文化悠久、人文荟萃的地方，还是一个风景优美、资源丰富的地方。雪山冰川停止了脚步，雪山瀑布却一头扎下山崖；高山杜鹃绽放了美丽的花朵，映衬在碧绿的草甸之上……

Tips

❶ 白天温度高，最好穿短裤和 T 恤衫。
❷ 携带含有高热量的食物。
❸ 虎跳峡属于高原地区，应当注意预防高原反应。
❹ 小心落石。

▣ 飞瀑轰鸣，水花迸射，雾气氤氲，蔚为壮观

地理位置：美国亚利桑那州西北部
探险指数：★★☆☆☆
探险内容：穿越原始森林
危险因素：响尾蛇
最佳探险时间：5-10 月

科罗拉多大峡谷

★ ★ ★ ★ ★ ★ ★ ★ ★ ★ ★ 让人充满敬畏的地质画卷 ★ ★ ★ ★ ★ ★ ★ ★ ★ ★ ★

　　一条蜿蜒的河流，在上帝划出的深沟中流淌，就像一条桀骜不驯的蟒蛇在大地上游动。巨大的峡谷，只有在空中俯瞰，才能一窥全貌，就像平坦的桌子上面，被刀子划下的一道深深的刻痕。"不管你走过多少路，看过多少名山大川，你都会觉得大峡谷仿佛只能存在于另一个世界，另一个星球。"

▫ 大峡谷，宛若仙境般七彩缤纷、苍茫迷幻，迷人的景色令人流连忘返

　　如果说世界是一本书，那么可以说不去旅行的人只读了一页。人们只有在旅行中才能更清楚地认识自己，感受自己。对于年轻人来说是学习新的知识，对于年长者来说是丰富自己的阅历。

　　从拉斯维加斯出发，大约 5 个小时就可以达到科罗拉多大峡谷。大峡谷是由于科罗拉多河在其中流淌而得名的。科罗拉多在西班牙语中的意思是"红河"，因为河水中携带的大量泥沙，使河水呈现红色。

　　千里之行，始于足下。在科罗拉多大峡谷建议选择步行。在途中，可以见到一种开着星星点点白色小花的针叶树，偶尔还会遇到小松鼠在树上吃白色的花苞。到了大峡谷，唯有"震撼"一词可以形容当时的心情。大峡谷极不规则，大致呈东西走向，峡谷南高北低。从谷底看谷壁，如刀削斧劈，气势宏伟，峡谷两岸都是红色的岩断层。据当地人说，这里的岩石会随阳光强度的不同而改变

■ 从高空俯瞰大峡谷，游人只能从峡谷南缘或者北缘欣赏大峡谷的一部分

自身的颜色，或深蓝，或棕色，或红色。从凸出的岩石上向下望去，如果没有恐惧之心，那么你会感觉到一种自由。有一些人尝试着从悬崖边上向下望，但是在临近悬崖两米远的地方就不敢前行了。因为风很大，一不小心就会摔下悬崖，粉身碎骨。

也有人难以抵挡大峡谷的诱惑，他们沿着小路深入谷底。在谷底，大峡谷呈现出一派壮观的情景。人们可以骑马驰骋，就如同美国西部片里的牛仔一样。当然，你也可以选择漂流。顺着科罗拉多河水的流动，在橡皮艇上体验一种特别的旅行。

■ 岩性、颜色不同的岩石层，被外力作用雕琢得千姿百态

▫ 朝霞下，科罗拉多大峡谷好似巨人将大地劈开，仿佛整个世界都凝固了

沿途亮点

玻璃桥

号称 21 世纪世界奇观的创意。出生于上海的美国华裔企业家金鹜 1996 年在观赏大峡谷时，突发奇想，在大峡谷上建造一架悬空廊桥。不久，这座桥如愿建成了，底板为透明玻璃，游客可以在上面俯瞰大峡谷和科罗拉多河。

庭园

就像西方童话故事里的魔镜一样，有门廊，有墙柱，有台墩，耐心地等待人们的到来。这些石头与周围的环境截然不同，很难想象它是大自然风化而成的，而像是上帝用自己神奇的双手创造的。

两岸风光

峡谷南岸为旅游景点，对外开放。而北岸风景更佳，因为它的海拔更高。站在岸边，谷底的科罗拉多河流如一条丝线，几乎不可见。峡壁上的岩石分层完整清晰，是地理学家研究地质的活标本。

▫ 大峡谷岩石是一幅地质画卷，在阳光的照耀下魔幻般的色彩吸引了全世界无数的目光

Tips

❶ 峡谷里流淌的科罗拉多河适合漂流，但应做好安全防护。

❷ 沿途有很多公园等景点，而且价格较低，不需要携带太多的现金。

❸ 尊重当地人的风俗习惯。

❹ 美国每个州的法律不尽相同，去之前最好了解一下目的地的法律。

▫ 大峡谷山石多为红色，从谷底到顶部层次清晰，色调各异

地理位置：非洲东部
探险指数：★ ★ ★ ☆ ☆
探险内容：人类起源
危险因素：大型猛兽
最佳探险时间：5-10月

东非大裂谷

地球的一道伤疤

　　当飞机从东非大陆上的赤道飞过时，一条硕大无比的伤疤在地球上延伸。站在大峡谷上，望着深深的谷底，敬畏的感觉油然而生。湖泊像珍珠一样在狭长的疤痕中熠熠发光。黑暗、阴森、恐怖，都不能形容它。相反，它幽深，美丽，还很热闹……

■ 裂谷地带风景秀丽、雨量充沛、土地肥沃、森林茂密，具有最显著的地貌特征

　　东非大裂谷分两支，一支是全长6000千米的东支裂谷带，一支是全长1700千米的西支裂谷带，像是地球上的一道巨大的伤疤。东支裂谷带和西支裂谷带中间横亘着维多利亚湖。从卫星地图上看东非大裂谷全貌，可以发现，大裂谷从约旦谷底向东南方向延伸，穿过红海，继续向南越过埃塞俄比亚高原中部的阿巴亚等湖，经过肯尼亚北部，向南穿越坦桑尼亚中部，到维多利亚湖东侧，东支裂谷带结束；西支裂谷带从

■ 悠闲觅食的长颈鹿

湖泊就如珍珠玛瑙镶嵌在玉带上，大大小小的湖泊形成了一座座蓄水池。湖水映照着蓝天白云，还有壁立千仞的峡谷。一些水鸟在这里栖息，它们或静止不动，或闲庭信步，或在水中觅食。

在裂谷两侧排列着众多山峰。其中较著名的有乞力马扎罗山和肯尼亚山。在峡谷的开阔地段，仰望云天，感觉自己非常渺小，仿佛在另一个世界。

其实，大峡谷并不是一成不变的。一些科学家推算，在100万年之后，裂谷会完全分开，到时候就会出现第八块大陆——"东非大陆"，也有一些科学家认为这是危言耸听。不管怎样，时代会变迁，沧海会变为桑田，未来的大峡谷是怎样的，我们无法看到。

从大峡谷一路走来，看到了很多不曾看到的景观，也获得了很多不曾有过的经历。人与自然的斗争持续了千百万年，并将一直持续下去。也许在大自然面前才能认清自己。

维多利亚湖西侧开始，由南向北穿过多个湖泊，直达苏丹境内，到白尼罗河附近结束。

在昔日西方殖民者的眼中，非洲一直是野蛮、贫穷、落后的地方。实际上，东非大裂谷是人类的发祥地之一。在人类的起源的两种假说中，其中一种就是"非洲起源说"。一些考古学家在探险东非大裂谷时，发现一些人类头骨化石，而这些化石为"非洲起源说"提供了有力的证据。正因如此，东非大裂谷成为考古学家和探险爱好者追寻人类起源的圣地。

自进入峡谷以来，我们就被峡谷的壮观景色所震撼。在峡谷底部，是一片狭长的旷野，在旷野上分布着许多狭长的湖泊。这些

■ 游客正在记录鸟类的生活瞬间

■ 在一望无际的原野上，每到雨季有几百万只动物到来，隆隆的蹄声像闷雷一样此起彼伏

沿途亮点

马赛马拉国家公园

位于肯尼亚，面积达 1500 多平方千米，是世界上最著名的野生保护动物区之一。在这里，不仅动物数量繁多，种类也很多，其中不乏大型食肉动物，如猎豹、狮子，也有不少食草动物，如非洲象、野牛、羚羊等。在雨季到来的时候，百万只角马和斑马从坦桑尼亚向马塞马拉迁徙，它们奔跑的蹄声像一阵阵闷雷，非常震撼。

塞伦盖蒂国家公园

与马赛马拉国家公园相连，是东非众多野生动物保护区的核心部分。这里以开阔草原型植物为主要植被，拥有庞大的动物群落。

维多利亚湖

是世界第二大淡水湖，面积为 6.9 万平方千米。湖岸线曲折，形成一种独特的曲线美。常年有众多河流注入其中，大量的水流在北岸的维多利亚尼罗河形成了一个巨大的瀑布——里本瀑布。湖中水产丰富，以非洲鲫鱼、尼罗河鲈鱼最为出名。

坦噶尼喀湖

是一座典型的裂谷湖。湖岸四周悬崖峭壁，湖岸线蜿蜒曲折达 1900 千米，湖深 1470 米，仅次于贝加尔湖，是世界第二大深水湖。这里风景秀丽，气候宜人，植物生长繁茂，动物成群出现。湖中有鳄鱼、河马，周围还有大象、长颈鹿、狮子等。

Tips

❶ 有大型猛兽出没，必须携带防卫武器。

❷ 那里有原始部落，注意尊重他们的风俗习惯。

❸ 那里草原茂盛，注意防止森林火灾。

■ 动物大迁徙的壮阔景观

地理位置：中国西藏
探险指数：★ ★ ★ ★ ★
探险内容：地球历史、科学考察
危险因素：泥石流、雪崩、猛兽、毒蛇
最佳探险时间：6-10月

雅鲁藏布大峡谷

★ ★ ★ ★ ★ ★ ★ ★ ★ ★ ★ 地球上最后的秘境 ★ ★ ★ ★ ★ ★ ★ ★ ★ ★

这里所有的一切都透出一股秀气，但也不失端庄和威严。它神秘，至今无人徒步全程穿越；它高峻，两侧的山峰海拔为7700米以上；它幽深，在南迦巴瓦峰与加拉白垒峰间的平均深度达5000米。同时，它也是地球上最深的峡谷。

▶ 雅鲁藏布江，它的激流至今没有一人敢于漂流，谷底至今没有一人能全程穿行

由于高峰和峡谷咫尺为邻，几千米的强烈地形反差，构成了堪称世界第一的壮丽景观。雅鲁藏布江拥有世界上最长、最深的大峡谷，流经地球上唯一一块未被开发的处女地——雅鲁藏布大峡谷，它成为20世纪最伟大的地理发现之一。

关于它还有一个美丽的传说：冈底斯神山有四个孩子，大儿子雅鲁藏布江体魄强健，胸怀宽广；二儿子因所在山体形同狮子，就取名叫狮泉河；三儿子象泉河则是因其源头山谷形似象鼻而得名；小妹则有一个美丽的名字——孔雀河。时光飞逝，转眼间，四个孩子都长大了。冈底斯虽然不舍，但仍然叫孩子们出去开阔眼界，闯荡天下。于是四兄妹各自奔流而去。苍鹰得知大哥雅鲁藏布江思念亲人，就飞过来告诉他弟弟妹妹正向南边流去。雅鲁藏布江焦急万分，立即卷起巨浪，拐了一个弯，向着印度洋方向呼啸而去，于是便形成了今日看到的雅鲁藏布大峡谷。这一美丽的传说，使得这让人拍案叫绝的鬼斧神工之奇景多了几分神话色彩。

一路上满眼青山，却没有绿水。雅鲁藏布江水有些昏黄，如黄河之水一样，大约是因为环境遭到严重破坏，土壤流失的缘故。这里的古树上挂着很多哈达，据说是为了纪念文成公主。当地人说，顺时针绕着古

🔲 湍急的河流冲刷着泥土，滋润着两岸的植被

树转三圈，未婚者会有桃花运，已婚者会婚姻美满。

　　雅鲁藏布江大峡谷里最险峻、最核心的地段，是一个叫"白马狗熊"的地方附近一条河段。在此河段，冰川、绝壁、陡坡、泥石流和巨浪滔天的大河交错在一起，环境十分恶劣。许多地区至今仍无人涉足，堪称"地球上最后的秘境"，是地质工作少有的空白区之一。

　　它也是青藏高原最神秘的地区，特殊的地理位置和地形构造，被科学家们称为"打开地球历史之门的锁孔"。 它的神奇在于它为印度洋的水汽穿越喜马拉雅山提供了通道。大峡谷之外，荒山秃岭，雪山高原，谷底却是另一番景象：奇花异草，亚热带雨林。大峡谷的两边可以说是垂直的自然博物馆：青藏高原60%～70%的生物物种集中在这里，在茂密的森林、灌木丛和草甸间，栖息着种类繁多的动物。在大峡谷的台地边，不时能见到藏族和门巴族同胞的木屋。河谷平原上，黄色的油菜花、紫白色的豌豆花，镶嵌在绿浪翻滚的青稞地里，好似一幅精美的水彩画。

　　如此美景，定有来一次"说走就走的旅行"的冲动吧。

沿途亮点

门巴族

是中国具有悠久历史的民族之一，并且拥有自己的语言——门巴语。他们有丰富的民间文学，其民歌曲调优美，流传久远。他们以种植水稻为生，有的还兼营畜牧业和狩猎，擅长竹藤器的编织和制作各种木碗。另外，他们还有着独特的风俗和禁忌。

雅鲁藏布江大拐弯

在雅鲁藏布大峡谷中奔流不息的江水从高向低一路穿行。河流本来是从西向东流淌，到下游时，突然折向南流，再转向西南流，形成世界上罕见的马蹄形大河湾。这个大拐弯无不展示了大自然的神奇魅力。

布达拉宫

是西藏的象征。它是一座古老的宫殿，延续了古老的建筑风格。在这里，你可以欣赏到世界最高处的宫殿的独特之处。探险雅鲁藏布大峡谷归来之后，你可以领略一下它的神奇魅力。

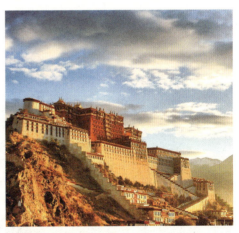

🔲 布达拉宫，气势雄伟

Tips

❶ 在去探险前一定要适应高原反应，可以提前一周服用抗高原反应的药物。

❷ 峡谷内有猛兽、毒蛇，应做好安全措施。

❸ 在雨季期间，最好不要进入峡谷探险，有可能发生泥石流等自然灾害。

❹ 冬天时积雪很多，有雪崩的危险。

❺ 门巴族有特别的禁忌，应当遵循当地人的风俗。

地理位置：中国湖北省恩施市境内
探险指数：★★☆☆☆
探险内容：民俗风情、自然景观
危险因素：悬崖峭壁
最佳探险时间：3-10 月

恩施大峡谷

地缝中探奇，绝壁中赏景

　　绝壁百里，瀑布千丈，独峰傲啸，美不胜收。或漫步原始森林，或徜徉曲折溪流，或饮酒远古村寨。观天坑，看地缝，走石桥，游溶洞。层层叠叠的峰丛，近乎垂直的断崖，气势雄伟的绝壁，如同一张张山水画卷，险而美。它是世界上最美丽的大峡谷；"八百里清江，每一处都是风景"，"即使走马观花也令人如痴如醉"。

■ 恩施大峡谷，绝壁蜿蜒曲折，延绵两百里，形态丰润，美不胜收

　　全长 108 千米的恩施大峡谷是清江大峡谷中的一段，在世界峡谷排名上，与美国科罗拉多大峡谷不相上下。大峡谷的面积达 300 多平方千米，其中前山和后山的景致最美。前山是棱角分明的三叠纪地层，距今已有两亿年之久，气势十分恢宏；

后山是外形圆润的二叠纪地层，形成于3亿年前，十分清秀俊美。

恩施大峡谷视线开阔，山势层层叠叠，极富层次感，而且形态各异，美感十足。这些美是有别于五岳的，甚至可以说，集合五岳之美，都不一定能媲美恩施大峡谷，但五岳天下皆知，恩施大峡谷却少有人识。直到中法联合探险队在2004年踏进这里，才把恩施大峡谷的神秘面纱揭开，一时间，世人都惊诧于恩施大峡谷的奇特和壮美。

清江是大峡谷的灵魂，每场雨后，都能从江面弥漫起一层云雾，茫茫白雾曲折蜿蜒，像是一条丰腴的巨龙腾腾升起，让人叹为观止。喀斯特地貌是大峡谷的性格，绝壁与峰丛各占地盘，既不相交，也不盘错。或四面绝壁，或群峰突起，其间夹杂着各式各样的洞穴群落，这样奇特的有个性的地貌几乎很少在其他峡谷看到。说起洞穴群落，这又是恩施大峡谷的特色：200多个洞穴，洞洞相套，大小交融，配上洞穴内独有的暗河水流，烟雾缭绕，水声潺潺，如世外仙境一般。暗河全长50千米，上有108座竖井，下有地缝无数，地缝与怪石相间，其中夹杂多条泉水和瀑布，水流飞溅，树木苍翠，让人心旷神怡。

吸引探险者来大峡谷的，除了美景，还有神秘的文化。传说大峡谷里居住过一个不知名的民族。有人说这个民族是巴人后裔，也有人说这个民族是瑶族后人，但都只是传说，谁也没有亲眼看见这个民族的痕迹，所以它十分神秘。

■ 地缝两侧峭壁陡直

沿途亮点

云龙地缝

云龙地缝是世界上独一无二的，因为地缝两岸地质年代不

■ 峡谷空间宏伟开阔，四面绝壁凹陷于丛峰之中，犹如仙境

▣ 龙门石浪

同。地缝上面是暗河，下端是清江，两岸峭壁陡直，十分险峻；间或有瀑布倾泻而下，又不乏奇绝清秀；地缝底水流或湍急或舒缓，终年不断，厚重又悠远。地缝四周群山环抱，峰峦叠嶂。

绝壁长廊

又称"绝壁栈道"，是人工修建的一条海拔 1700 米、净高差 300 米的山腰栈道。这条栈道汲取了古蜀栈道的建造方法，采用现代建筑技术，集科学与景观于一体，磅礴大气，而又安全可靠。在这条栈道上，你可以一路欣赏武陵风光。

一炷香

风吹不倒，雨打不动，顶天立地，傲立群峰。此山高约150 米，最窄处直径只有 4 米。在天地间宛如一根香火直立。它还有一个美丽的传说：当人们有难的时候，只要点燃这根香火，神仙就会下凡前来拯救。

Tips

❶ 尊重当地少数民族的风俗习惯。
❷ 穿运动鞋，携带手杖等。
❸ 夏季紫外线很强，爱美人士注意防晒。
❹ 携带常备药物，如感冒药、创可贴、止泻药等。

▣ 大峡谷烟雾缭绕，古木苍翠，风光无限

地理位置：墨西哥奇瓦瓦州
探险指数：★★★☆☆
探险内容：攀爬岩壁、峡谷穿越
危险因素：山路崎岖陡峭
最佳探险时间：11月至次年3月

墨西哥铜峡谷

荒野求生的训练场

行走在峡谷之畔，随处可见怪峰奇石、飞瀑澄湖、古松枯柏，尖顶的白色教堂、红墙绿瓦的别墅、幽深的洞穴、破败的木屋和废弃的矿山点缀在其中。

▪ 在铁路上观光也是一种享受

墨西哥高原西南部的奇瓦瓦州，西马德雷山脉延绵千里，这里有无数座2500米以上的山峰，高峰之间夹着众多幽深的峡谷，铜峡谷就是其中最著名的一条。

铜峡谷在西班牙语中叫"德科布峡谷"，千万年间河流在此的强烈切割作用，加上西马德雷山脉的抬升，形成了非常庞大的沟壑

和峡谷，其深度超过了美国亚利桑那州的大峡谷。峡谷两侧的悬崖峭壁多铜绿色，人们因此称它为铜峡谷。一般来说，铜峡谷共包括6条主要的峡谷，再加上那些和它们相互连接的峡谷、沟壑，整个峡谷系则更大，大得几乎没有人能说出一个确定的界线。

铜峡谷地处干旱地区，峡谷高处的山坡上树木并不多，但谷底的气候温和，并有足够的水源滋润，所以生长着非常茂密的热带植物，放眼望去郁郁葱葱。这里原本居住着50个印第安部落，由于17世纪西班牙人的入侵，以及美国、墨西哥在此修建铁路，而使土著流失大片土地并迁徙他处，至今仅有10个部落还生活在祖先的土地之上。自然和历史在大峡谷中共同绘制了一幅壮丽的图卷，不但有优美雄浑的自然风光，还有独特迷人的人文景观，行走在峡谷之畔，随处可见怪峰奇石、飞瀑澄湖、古松枯柏，尖顶白色教堂、红墙绿瓦的别墅、幽深的洞穴、破败的木屋和废弃的矿山点缀在其中。

铜峡谷的边缘在很多地方是几乎垂直的

石壁，那些层层叠叠的岩石宛如书页一般，常有被风吹得扭曲成各种奇状的树木从岩穴间伸出，如同书本中夹着的标签。悬崖最上端，很多巨大的岩石平台悬空而置，站在悬崖边缘，俯瞰峡谷中的深谷裂缝处委婉泛光如银的细线，那是切割出峡谷的乌利奎河。目光所及皆是峰峦起伏、巉岩裸露、孤峰峭崖、青山红岩，逶迤绵延与朦胧霭霭的天际相连。山坡上被大自然冲刷出的沉积岩露出它深沉的"皱纹"和粗糙的"脸庞"，道出其自然岁月的沧桑，记载了它自然地质的变迁。

在悬崖之上，常常点缀着一些红顶黄墙的建筑，这是塔拉胡马拉人经营的旅馆。对于往来的游客、探险者，旅馆老板们都十分热情，在这里游人能进行修整补充，能品尝到美味的墨西哥食品，旅途中在此休息一晚，绝对是正确的选择。吃完晚饭后，漫步在峡谷边，俯瞰乌利奎河月光点点，仰望天空群星璀璨。在这人烟稀少的峡谷之巅，观看美丽的星空绝对是一生难忘的体验。群星仿佛就在头顶，伸手可及，躺在平滑的岩石之上，你似乎能听到它眨着眼睛在诉说着什么。被太阳晒了一天的巨岩板留有余温，那种温暖感觉比躺在柔软的床上都要舒服很多。

沿峡谷行走，可见许多枣红色且枝干光滑的树，当地人将其称为"醉树"，据说小鸟吃了它的果实便会醉倒。在峡谷的很多地方，遍布岩石和沙砾，绿色几乎消失殆尽了，但不知为何从地下冒出了众多尖粗的仙人掌刺，令人敬而远之。它却是土著人的生活所依，他们称"哪里有仙人掌，哪里就能居住"。

在铜峡谷，游人可以登上悬崖高处极目远望，也可以低头俯瞰深不见底的谷底，可以徒步穿越，也可以骑马、乘空中缆车，无

■ 目光所及皆是峰峦起伏，逶迤绵延与朦胧霭霭的天际相连

■ 铜峡谷不只是峰峦叠嶂，也有美丽的湖泊

论采用何种探险方式都能欣赏到大自然赋予铜峡谷的那种独特的自然景色：荒芜原始中的粗犷幽寂、裸岩巉峭中的奇美天姿、峰峦叠嶂中的雄伟气势。

如今墨西哥唯一一条保持运营的观光铁路就是奇瓦瓦太平洋铁路，从奇瓦瓦出发，经过埃尔堡垒、铜峡谷，到达洛斯莫奇的线路，被称为"世界上最美丽的铁路"。坐在疾驰的火车上，感受900～1200米的落差，不经意间望向窗外，美景迎面扑来，从不间断。火车驶向低处时，那长满作物的田地，那辽阔无垠的草原牧场，瞬间视野开阔，一派清新美景，令人目不暇接。火车穿过峡谷的隧道时，车厢似一条飘带环系山腰，依山而动。亿万年的褶皱山崖也挺身让它在自己腰间随意游走。穿过隧道火车继续爬升，峡谷的壮

荒芜原始中的粗犷幽寂、裸岩峻峭中的奇美天姿、峰峦叠嶂中的雄伟气势，尽在铜峡谷

丽景色便毫无遮掩，尽现眼前。远处被阳光照射的金针闪烁着金光，很是迷人，其实那是带刺的仙人掌掌刺。这里每一段路都极为精彩，只可惜在火车上美景难以捕捉，但身临其境已然是最好的享受。

沿途亮点

特奥蒂瓦坎

位于墨西哥首都东北部，建于公元 1 ~ 7 世纪，其建筑物按照几何图形和象征意义布局，以月亮金字塔和太阳金字塔的庞大气势而闻名于世。

宪法广场

位于墨西哥城中心，是墨西哥政治、宗教和文化活动中心，宪法广场中央有巨大的墨西哥国旗，周围有国家宫、最高法院等重要建筑，北面坐落着拉丁美洲最大的天主教教堂——大主教教堂。

蘑菇形的岩石

地理位置：尼泊尔北部
探险指数：★ ★ ★ ☆
探险内容：峡谷穿越
危险因素：洪水、泥石流
最佳探险时间：10、11 月

喀利根德格大峡谷

魔鬼峰下觅幽境

深谷逶迤，高山连绵，雪峰穿天，密林如海，喀利根德格大峡谷随时等着探险者前来参观。

▶ 远处青山起伏，白云朵朵，映入清澈的费瓦湖中，宛若仙境

喀利根德格大峡谷形成于千万年之前，是喜马拉雅山脉众多大峡谷中的一个。当时，地壳运动导致喜马拉雅山东西向拉伸，形成众多南北走向的大裂谷，后来流水冲刷导致裂谷加深，因此喀利根德格大峡谷极其壮观。

喀利根德格大峡谷坐落在安纳普尔纳峰和道拉吉里峰之间。这两座山峰是世界上最雄伟的山峰，海拔都在 8000 米以上，而喀利根德格大峡谷从地平面到峡谷最深处又有4400 多米深，再加上两边山峰的高度，因此喀利根德格大峡谷是世界上最深的峡谷之一。虽然峡谷入口就在尼泊尔木斯塘，但人类依然很少踏入峡谷内，因此对它了解极少。

库塘峰，是位于尼泊尔中北部的安纳普尔纳山脉主峰，此山峰海拔8000多米，峰峦众多，其中最著名的要数角峰，它挺拔锋锐，极其险峻。不过人类尚未征服的却是位于南边的另一座峰峦，此峰因峰顶像张开的鱼尾，故名鱼尾峰。虽然鱼尾峰海拔才6600米，但因山势陡峭，无人能够攀登上去。最早被人类登顶的海拔8000米以上的山峰，是安纳普尔纳峰，不过先行者们也为此付出沉痛的代价：全部手指和脚趾因冻伤而不得不切除。这两位付出惨痛代价的先行者都是法国的探险家。

道拉吉里峰比安纳普尔纳峰山势更加险恶。它海拔8172米，在世界上排名第七。从1950年开始，就有多国探险者试图攀登此峰，一路上，他们经受了雷电、雪崩、岩石峭壁等艰险，历经十年，甚至赔上十几个登山运动员的性命，依然以失败告终。因此世人给道拉吉里峰取了一个绰号，名为"魔鬼峰"。1960年5月13日，人类历经艰险，终于登上道拉吉里峰峰顶。此次登峰成功，

■ 河水静静地流过，滋养着奇旺国家公园内的奇珍异兽

意味着人类已将世界十大高峰全部征服。

正因为被这样险峻、雄伟的两座大山所"挟峙"，喀利根德格大峡谷成为世界上最壮观的大峡谷，也是最神秘的大峡谷之一。除了那些专业的科研人员，几乎没人会到大峡谷中去进行探索。然而，正是因为神秘，最近使得无数探险家对它产生了浓厚的兴趣。

因为长期以来几乎没有人进入，里面到底是什么样游人大多数不了解。当地人对进入这条大峡谷都怀有一种抵触的心理，在他们的心中喜马拉雅山中那些高高的雪峰是神灵的象征，是正义和光明的守护者，是圣山，而这些峡谷之下深不见底的深谷往往是被光明遗忘的角落，是毒蛇猛兽的聚所，是被禁锢的魔鬼殿堂。

一些上了年纪的尼泊尔老人还会告诉你，这些幽深的峡谷就是死亡的象征，他们会给你讲述很多他们听到过、经历过的关于大峡谷的古老传说。有贪婪的人进入峡谷中寻找灵药、宝藏，却不知道那是魔鬼对人类的引诱，这些人大多一去不复返了。其中最著名的一个故事，是古时尼泊尔的一个王族在战乱中被打败了，逃入深不见底的大峡谷之中，后面有众多的追兵，为了躲避追杀，逃跑的人将自己的灵魂出卖给了被压在雪山之下的魔鬼，他们获得了无尽的力量，杀死了所有追杀他们的人，然而，他们自己也被永远禁锢在大峡谷之中，千百年来遭受不尽的折磨，那些峡谷中传来的轰隆隆的山崩、洪流的巨响，就是他们痛苦挣扎的声音。

当然，这些传闻只是当地人因为害怕大峡谷而臆造出来的。它们吓不倒探险家，挡不住探险者的脚步，但进入大峡谷充满种种危险却是真实的。因为两侧高山的阻隔，喀

▣ 奇旺国家公园内独自散步的犀牛

利根德格大峡谷中的大部分区域气候湿润、温暖，茂密的热带雨林覆盖了沟谷各处。进入其中穿越最先需要征服的就是这些丛林。丛林中生满了吸血的蚂蟥，探险者一不小心就会被蚂蟥附到身上，痛痒异常。谷中那些险峻的悬崖，经常发生崩塌事故，尤其是在雨季，高山上的雪水和雨水汇聚起来，一起在大峡谷底部奔流，此时想在峡谷中前进几乎完全没有可能。

但在危险之外，在这里也能欣赏到难得一见的美景，深谷逶迤，高山连绵，雪峰穿天，密林如海……喜马拉雅南坡的独特气候也造就了这个峡谷的生物多样性，峡谷中植物多达 1226 种，此外还有 474 种鸟类和 102 种哺乳动物。从小小的山地麻雀，到威武的金雕；从山林中跳来跳去的松鼠，到徘徊深谷中的野象、色彩斑斓的云豹；从点缀在草地上的山菊花到生长了千百年的巨杉，只要你敢于深入探索，就都能看到。

沿途亮点

费瓦湖

尼泊尔皇家度假胜地，紧邻尼泊尔国王的行宫。在任何时候，从任何角度，你都可以感受到费瓦湖的宁静。傍晚的时候对面的安纳普尔纳雪山金色的落日照耀在湖水中，躺在岸边或坐在小舟里可以享受这份旖旎的湖光山色。

Tips

❶ 每年的 12 月至次年 1 月，当地能见度高，但比较寒冷，如果住的廉价旅馆里没有供暖设施，那么夜晚会特别难熬。

❷ 这里有众多的户外项目可供选择，蹦极、高山滑翔、漂流刺激无比，同时危险系数也较高，建议一定要选择有口碑的户外旅行社。

地理位置：南非
探险指数：★★★☆☆
探险内容：峡谷穿越
危险因素：道险路滑
最佳探险时间：4-9月

布莱德河峡谷

★★★★★★★★★★★ 在山巅飞驰 ★★★★★★★★★★★

它美丽又富饶，那儿的每一寸土地都让人想放声歌唱，那里的每一片树叶都让人心动不已，那里的每一天时光都充满了新奇与欢乐。

在非洲的最南端，有一处和非洲其他地域截然不同的土地，这就是南非。提到南非人们很自然地想到钻石，其实这里的景色也独具特色。这里有浪涛汹涌的海滩，有造型奇特的桌山，有充满欧洲风情的城市开普敦，还有众多各具特色的国家公园。非洲总是给人一种很贫穷、原始的感觉，但南非却不是这样，虽然它也经历过长期的种族歧视和斗争，也有以犯罪率高而著名的约翰内斯堡，但大多数时候，在这里你能看到的是灿烂的阳光，热情的笑脸和淳朴的人民。它美丽又富饶，那里的每一寸土地都让人想放声歌唱，那里的每一片树叶都让人心动不已，那里的每一天时光都充满新奇与欢乐。

布莱德峡谷是南非最具代表性的景点之一，是姆普马兰加省仅次于姆普马兰加国家公园的观光景点，它位于南非克鲁格国家公园西边的布莱德河峡谷自然保护区。大峡谷的景色壮丽非凡，看到布莱德河与1000米高的大峡谷交织在一起的壮观景色，任何人都会被它震撼。

■ 淙淙的小溪，从浓密的森林潺潺流出，黝黑的岩石似乎在见证着这里的一切

■ 陡峭的岩石上架起了一座桥，考验着游客的胆量

　　到此游览过的人常说，这个峡谷可以媲美美国的科罗拉多大峡谷，峡谷沿保护区的纵向开通有帕诺拉马路线，是位置很好的驾车游览线路。乘车行驶在路线上，窗外就是大峡谷壮丽的景色，道路旁就是绿色自然的植被，天空很近，云像揪碎的羊毛被神明随意地扔在蓝色的穹幕上。怪峰奇石矗立在山谷之上，像戏台，像城堡，像层层叠叠的书页，像巨大的汉堡包……三茅庐是这种怪峰的代表，远远望去，3 座平顶石峰并立在峡谷之旁，侧壁露出光秃秃的巉岩，顶部覆盖着稀疏的植物，正如土著人的茅草小屋一样。

　　从峡谷的公路上俯瞰谷底，山水勾连，很多陡峭的小山如同屏障般从地下冒出来，上面长满郁郁葱葱的植物。它们不和其他的山峰连在一起，仿佛一堵墙，忽然不知被什么力量撕碎了，断成一段一段的，漂浮在大峡谷底部的绿色海洋之中。这些墙一样的山有的横着，有的竖着，有的平倒在地上，还有的折出几个弯，扭曲地堆在那里，让人浮想联翩。

　　公路在峡谷上蜿蜒盘旋，车奔驰在上面，一会儿仿佛要驶入深渊之下，一会儿又仿佛要飞到云层之上。接近底部，车辆从绿色的丛林间穿行，停下来可以听到树林中各种鸟在鸣叫，可以看到一群鱼在湖泊河流中掀起片片涟漪。在峡谷之上时，车窗外就是深不见底的巨大沟壑，很多地段路旁都没有设置栏杆，即使下了车，大多数人也不敢靠近边缘，生怕被一阵忽来的风吹下万丈深渊。

在布莱德河和楚尔河交界的地方，有一处美丽的瀑布，此处的悬崖如同阶梯一样，流水从扇面落下，层层叠叠泛起无数白沫，这里的岩石被千百年的水流侵蚀得奇形怪状。布莱德河与楚尔河分别被誉为"幸福河"与"伤心河"，这个称谓来自于早期荷兰人移民。曾经，移民部落中的青壮年去寻找新的宿营地，他们离开家族，约定于3个月之后回来，但逾期未归，他们离去的那条河就是"伤心河"，水势浩大，那是等候的家人日夜流泪而致。最后，勇敢的人们终于找到了新的资源，迎接他们回来的另一条河，就是"幸福河"了。两河交界的地方，冲蚀出了这样的壶穴，就是"幸运壶穴"。据说在这里的桥上向幸运壶穴中投掷硬币所许下的愿望都能实现。

保护区沿着峡谷设立了3条徒步游览路线，无论探险者想从哪个方位观看峡谷奇观都能得到满足。途中有温泉旅游区，有美丽的瀑布群，有幽静优美的山庄，有传统的小村落，有淘金时期的小镇，有充满各种神奇传

闻的回声洞穴，还有水库、隧道、花岗岩石林……几乎所有你能想到的峡谷景观在这里都能看到，都能沿着徒步探险的道路到达。

对于大多数探险者来说，只要不是专门攀爬那些陡峭的悬崖绝壁，在布莱德河峡谷探险就是比较简单安全的，游人需要注意的仅仅是那些被水流冲刷得十分光滑的岩石。但每年都有探险者在这里摔伤的报道，因为大峡谷的景色太迷人了，很多人因为过分沉迷美景而被脚下的巉岩绊倒。

站在上帝之窗，遥望布莱德大峡谷，群峰如层层屏障，苍翠的大地和湛蓝的天空远远地连在一起，美景决眦，心神皆宁，让人久久不愿离开。

沿途亮点

克鲁格国家公园

克鲁格国家公园位于德兰士瓦省的东北部，无数珍禽异兽生活在这片无边无际的原野上，在公园里，随处都能看到狮子、犀牛、长颈鹿、野水牛、斑马、鳄鱼、羚羊、牛羚、黑斑羚、大象等。因为野生动物数量庞大，因此克鲁格国家公园又是南非最大的野生动物园。

上帝之窗

天气晴朗的时候，可站在布莱德河峡谷南端陡坡边上，鸟瞰峡谷底。在1000米之深的谷底，长满各类植物，蕨类、草藤类、乔木类、花木类，苍翠碧绿中点缀五颜六色的花朵，宛如人间仙境，美极了。在这样的仙境里，矗立着一座由花岗石组成的山峰，它在密林繁花中一柱擎天，颇为壮观。

Tips

❶ 布莱德大峡谷两侧没有围护栏杆，游人在谷上观赏美景时一定要和峡谷边缘保持足够的安全距离；观光道路弯路、斜坡较多，车速不宜过快。

❷ 峡谷之下，岩石流过水的地方十分湿滑，在谷底进行穿越探险的游客应穿防滑鞋，在经过瀑布、探索洞穴之时，还应备有雨衣。

▪ 小溪，像一条银色的绸缎，撞击到岩石上，发出了哗哗哗的声音

地理位置：纳米比亚
探险指数：★ ★ ★ ☆
探险内容：远足
危险因素：悬崖、野兽
最佳探险时间：5-9月

鱼河峡谷

参加峡谷马拉松

几撮绿色孤独地点缀在灰黄色的天地之中，让鱼河峡谷显得更加荒凉。

■ 成群的火烈鸟为美丽的鲸湾港带来许多活力

非洲中部的纳米比亚可以用"惊艳"一词来形容，红色的沙漠，绿色的草原，蓝色的大西洋在这片土地之上相互映照；野性、粗犷、沧桑在这里交融成一首动人心魄的曲调，通过奥万博族传统的歌声远远传开。这里有很多著名的国家公园，其中南部的艾艾斯－希特斯韦特跨国公园独具特色，世界闻名的鱼河大峡谷就位于其中。

鱼河峡谷，长 160 千米，宽 27 千米，平均深度达 550 米，很多杂志将其评为仅次于美国科罗拉多大峡谷的世界第二大峡谷（但更多的人认为雅鲁藏布大峡谷才是世界上最大的峡谷）。这里的峡谷地貌与著名的美国大峡谷地区非常相似，整个大峡谷地区无人居住，只有罕见的荆棘灌木和沙漠蜥蜴。

纳米比亚河流众多，最长的一条是鱼河，鱼河大峡谷便在这里。大峡谷形成于 6.5 亿年前，地球发生板块运动，在运动中，上游的白云岩石层撕裂塌陷形成大峡谷，大峡谷的河床是具有独特性的花岗岩，地形十分复杂；下游插入一座无比干旱的高原中。

在一年的大部分时间中，整个大峡谷给人的感觉就是萧瑟和荒凉。一排排被洪水侵蚀得斑斑驳驳的土丘、岩石暴露在炽烈的阳光之下，仿佛一处处巨大的蒸炉。放眼望去，到处都是这样的死寂，到处都是寸草不生。偶尔在河水积聚的地区，河畔生长出一丛丛植被，包括谷丛林，沙丘灌木丛，河岸植被和高山硬叶灌木群落。它们并未给大峡谷带来多少生机，在这里看不到别处那种鸟群如云、兽群如潮的场面，几撮绿色孤独地点缀在灰黄色的天地之中，让鱼河峡谷显得更加荒凉。

在大峡谷两端，植物渐渐增多，荒凉的沙土高原被稀草地取代，草地上的树木也逐渐增多，梨白、金合欢、卡鲁波尔豆、鹤望兰、沙丘毒灌木、野生梅、珊瑚树都开始出现。这里还有一些小型哺乳动物，如猫鼬、岩狸、野兔、老鼠、蝙蝠、非洲野猫、条纹臭鼬、开普敦豪猪等，游人还可以看到众多的黑长尾猴在树间跳跃。

鱼河大峡谷是南部非洲最流行的远足地，

■ 河是季节性的，通常在夏季的时候泛滥，在一年中的其他时候则变成一个细长的水池

巨大的规模和崎岖的地形，吸引了从世界各地到非洲旅游的游客去体验远足和越野。鱼河大峡谷徒步探险路线居于非洲南部徒步探险路线前列，背包客可以沿河道行走，其间还可以随时攀上峡谷边缘陡峭的崖壁俯瞰峡谷景观。沿着深深的蜿蜒长河，整条路线从鱼河大峡谷的最北点一直通到艾艾斯温泉。许多游客选择徒步探险鱼河大峡谷，至少需要 5 天才能完成。一年的大部分时间里，鱼

■ 鱼河大峡谷巨大的规模和崎岖的地形吸引了世界各地的游客来此体验远足和越野跑

河大峡谷的天气比较温和，通常在 5~30℃，湿度较小。

2011 年 8 月 27 日，在鱼河大峡谷举行了第一次超级马拉松比赛，自此以后，每年这里都会举行马拉松，也因此会聚了越来越多来自世界各地的马拉松和远足探险爱好者。

沿途亮点

鲸湾港

在鲸湾港，不但能够亲近海豚和火烈鸟，还能乘坐游艇出海，到海豹岛寻访让人记忆深刻的海豹等海洋动物，也可在沙滩上感受沙滩车和滑翔机的奇特。鲸湾港因其旅游资源丰富，成为纳米比亚西海岸的重要港口。

骷髅海岸

葡萄牙海员口中所指的骷髅海岸，其实是指绵延在纳米比亚的一条长约 500 千米的白色沙漠，它一侧是大西洋水域，另一侧是纳米布沙漠。骷髅海岸的景色是两个极端：因为紧靠沙漠，所以显得荒凉；因为紧靠海岸，所以又极其美丽。

Tips

❶ 峡谷内没有固定的设施，因此远足者必须自行携带住宿帐篷。

❷ 由于夏天会遭遇到洪水和极度炎热的天气（白天 48℃，夜晚 30℃），因此进入许可证只会在 5 月 1 日至 9 月 15 日之间发放。在达到霍巴斯开始远足之前，必须先从纳米比亚旅游野生动物保护局获得许可证，并且团队人数只能是 3~30 人。

❸ 所有的远足者必须在 12 岁以上并且拥有健康证明。

地理位置：美国犹他州
探险指数：★★★★☆
探险内容：骑马穿越峡谷、探索岩洞
危险因素：石土滑落
最佳探险时间：全年

布莱斯大峡谷

色彩的海洋

成千上万红色和橙色的岩柱上覆盖着白色，如童话故事中的冰雪王国。

历经风雪的岩石在阳光的照耀下呈红、黄等60多种色度不同的颜色，光彩变幻，亮丽夺目

在美国国家公园的荣耀榜上，有一座名不见经传的峡谷，它不像科罗拉多大峡谷那样名声赫赫，甚至比不过科罗拉多高原上的其他几个大峡谷。这座默默无闻的大峡谷便是布莱斯大峡谷。它没有巨大的规模，也没有宏伟的气势，但风貌独一无二，也正是这个特点成为它最大的亮点。

布莱斯峡谷因海拔原因导致低温，形成

■ 山谷中的岩石经受了数千年的风霜雨雪侵蚀，气势宏大

长达近300天的寒冷冬季，常年白雪皑皑。这里昼夜温差特别大，中午，高温会融化白雪，而夜里低温又会把水变成冰。在这冷热交替的过程中，伴随着体积的收缩和膨胀，山石逐渐被剪切和腐蚀，直至崩裂坍塌。

自从1875年有一个名叫布莱斯的人修建了一条通向这个橙色峡谷的道路后，越来越多的人慕名前往。夕阳西下，想象突然来到了一大片寺庙之中，众神正襟危坐，面朝对面平缓的山坡，不发出一丁点儿声响，是否有一种蓬荜生辉的感觉？

布莱斯峡谷的彩色崖壁之间还分布着众多洞穴，其中景色亦是十分可观。怪石幽径，彩壁笋林引来无数探险者在大峡谷的崖壁间攀爬，探索这些神秘的洞穴，穿越峡谷更是越来越被人们青睐的探险活动。布莱斯峡谷范围很大，单单是步行，很难欣赏到全部美景，骑马就成了这里最好的参观方式。那些彩色的石壁、土丘，或稀或密的森林，草地、戈壁，清风拂面，让人神清气爽。

当你被这庞大、壮观的景象所震慑时，

■ 一条公路穿过红色拱门，带来神秘感的是门后面的景色

一股神秘的宗教气氛迎面袭来，此刻令你叹服的一定是大自然那鬼斧神工的力量。据说当年印第安人来到这里，以为是到了巨人国，慌忙逃走了。摩门教徒发现此地之后，将之取名为"奇形岩刻下的咒语"。可见，大自然的力量是神奇的，在这里，无人敢有造次之举。

沿途亮点

卡纳布

一座极具西部风情的小镇，这里号称"犹他州的小好莱坞"，很多美国西部电影是在这里拍摄的。

锡安国家公园

位于美国西南部，占地约 600 平方千米，其红色与黄褐色的砂岩被维琴河北面支流所分割。公园内还有其他著名景点，如白色大宝座、棋盘山壁群、科罗布拱门等。

Tips

❶ 在布莱斯大峡谷中参观时，要遵守旅游规则，禁止游人进入的地方不可私自进入。

❷ 冬季参观大峡谷时，一定要穿防滑鞋，尤其在上下崖壁时，防滑鞋十分必要。

❸ 骑马穿越峡谷时，最好有熟悉地形的向导，否则最好沿着道路前行。

第四章

高山览胜

险峻的大山，

屹立在大地之上，

仿佛一个巨人，

又如参禅的大佛，

岿然不动。

牛顿说，

站在巨人的肩膀上就可以看得更远。

站在高山之上，

也会看得更远。

登上一座座高山，

征服一个个山峰，

是探险家终生不倦的追求。

左图：梅里雪山山顶被积雪覆盖，凸显一种自然美

地理位置：	非洲西北部
探险指数：	★ ★ ★ ☆ ☆
探险内容：	攀岩
危险因素：	地形复杂、高寒
最佳探险时间：	5-10 月

阿特拉斯山脉

★ ★ ★ ★ ★ ★ ★ ★ ★ ★ 崖壁上的重生 ★ ★ ★ ★ ★ ★ ★ ★ ★ ★ ★

　　梦幻般光溜溜的粉色花岗岩峰峦，勾勒出蜿蜒的峡谷和陡峭的悬崖，宛如一幅风景画。偶尔也有一片富饶的绿洲点缀其中，成群成簇的房舍，色彩亮丽，掩映在绿色的棕榈树丛中。

■ 主峰宛如巨人一般站在红色的大地上，宏伟壮观

　　长2400 千米的阿特拉斯山脉，位于非洲西北部，是阿尔卑斯山系的一部分，在阿尔卑斯造山运动中褶皱成山，由中生代和第三纪沉积岩褶皱组成。山脉起始于摩洛哥东北部的塔札，止于西南部的阿加迪尔，像一块大的界碑，生生把撒哈拉沙漠和大西洋沿岸平原分开。

　　关于阿特拉斯山脉，还有一个传说：希

■ 偶有星星点点的植被点缀山中，成群成簇的房舍，色彩亮丽，掩映在绿色的棕榈树丛中

腊神话中提坦神的后裔阿特拉斯，是窃火者普罗米修斯的兄弟，他高大无比，无人能敌。他在反抗宙斯失败后，被罚用双肩扛着天空。后来，希腊英雄柏修斯杀死蛇发女妖美杜莎，路上经过阿特拉斯王国时，想在这里的金七果树的园中过一夜，因害怕宝物被偷，阿特拉斯就将他逐出宫殿，柏修斯生气地把美杜莎的头取出来，结果，在看到美杜莎的头的一瞬间，阿特拉斯就变成了一座大山，高耸入云的山峰是他的头颅，广阔的森林是他的须发，于是就有了著名的阿特拉斯山脉。

阿特拉斯山脉由3个部分组成，中阿特拉斯山、高阿特拉斯山和安基阿特拉斯山，其中高阿特拉斯山脉是其主脉，图卜卡勒峰为其主峰，4165米的海拔让其在高度上称霸非洲北部。山脉西部为侏罗纪石灰岩，地形起伏和缓；而东部则备受攀岩爱好者青睐，辽阔的侏罗纪褶皱，是攀岩运动的不二之选。早在2007年，攀登图卜卡勒峰以及徒步穿越阿扎登峡谷就已是这里最受欢迎的运动。

由于地形的优势，如今这里挤满了来自世界各地的攀岩者和背包客，尤以法国人和德国人居多。这片无与伦比的无人之地让他

▫ 前来探险的登山者

们不舍得离去，虽然在这里常住看上去不太容易实现，但他们正努力锻炼身体以适应这里复杂的地形环境。这些攀岩爱好者已经被其魅力深深吸引，无法自拔。

Tips

❶ 一定要在接受过专业的攀岩训练后才能在峭壁上进行攀岩。

❷ 紫外线强烈，注意防晒。

沿途亮点

撒哈拉沙漠

位于非洲北部，虽然它是世界上阳光最多的沙质沙漠，但因气候条件恶劣，极不适合生物生长。撒哈拉地区地广人稀，极度干旱缺水，但就是这样一个地方，曾经也有过繁荣昌盛的远古文明。沙漠上那长达数千米的壁画群，就是远古文明的最好证明，但至今它还是一个谜。

▫ 撒哈拉大沙漠上连绵的沙丘如同月球的表面，在阳光照射下璀璨如金

地理位置：法国和意大利交界处

探险指数：★★★★☆

探险内容：滑雪、登山

危险因素：雪崩

最佳探险时间：6-10月

勃朗峰

★ ★ ★ ★ ★ ★ ★ ★ ★ ★ **西欧最高峰** ★ ★ ★ ★ ★ ★ ★ ★ ★ ★

巍巍的高山，皑皑的白雪。它是欧洲最高峰，是一处绝佳的探险旅游胜地。不管你是喜欢安静还是喜欢运动，霞慕尼都能满足你的爱好。

根弦若是绷得太紧，总有一天会断裂，一颗心若是禁锢得太久，总有一天会失去平衡。我们需要攀登高峰，在山顶放飞我们的心灵。

勃朗峰是阿尔卑斯山脉最高峰，也是西欧第一高峰，位于法国的上萨瓦省和意大利的瓦莱达奥斯塔的交界处。谈起勃朗峰，不得不说一下霞慕尼小镇。霞慕尼小镇是位于勃朗峰山谷狭长平原里的一个小镇，它的前面就是勃朗峰。如果要登勃朗峰，霞慕尼小镇是最佳起点。由于地理位置特殊，霞慕尼小镇还是在欧洲探险旅游的最佳逗留地。它连接着欧洲的公路网，去往意大利和瑞士仅需要20分钟。

霞慕尼的南针峰有一座缆车站，乘坐缆车只需20分钟便可直达地面。这是欧洲迄今为止最高的缆车站，是游客们来霞慕尼必会尝试的一个亮点。如果来到勃朗峰，却不乘坐霞慕尼的缆车，会非常遗憾的。

观景台稳固地坐落在峰顶，分几层向各

▷ 缆车观光受到无数登山爱好者的青睐

▪ 勃朗峰孕育着这里的一方水土

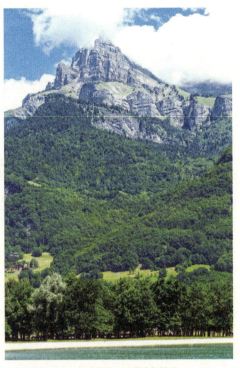

▪ 山峰直插云海，林木茂密，远望宛如地毯

个方向延伸，可以让游人获得宽阔的视野，从不同角度欣赏高山上的风景。皑皑白雪，层层白云，似乎连呼吸的空气都是美丽的。宽广的视野，也会使人的胸怀变得广阔，整个人精神焕发，神清气爽。再向上 100 米，就可以很清楚地看到勃朗峰的样貌。四周的高山如众星拱月般地衬托着它，峰顶完全被白雪覆盖。当站在峰顶，一切都踩在了脚下。我们并没有征服大山，而是大山征服了我们，我们只不过离大山更近了而已。

从山上下来，在霞慕尼小镇歇息。如果你喜欢滑雪的话，千万不能错过。霞慕尼有不同坡度的雪道，不管你是新手，还是大师，在霞慕尼，所有的滑雪爱好者都有无尽的选择。冬天的霞慕尼就是这样的美妙，雪景辽阔壮丽，让人跃跃欲试。

夏季，霞慕尼能提供所有夏季的山上娱乐活动。你可以徒手攀爬勃朗峰，也可以在山腰漫步，领略引人入胜的山峰与冰川，牵引索道在整个夏天都开放，还有其他各种活动以满足所有人的需要。

霞慕尼小镇还有许多购物点，在这里可以买到世界顶级的登山攀岩装备。小镇上的数百家商店营业时间普遍都很长，即使是淡季的周末也照常营业。对喜爱登山攀爬的全球旅人而言，此处无疑是他们的天堂。

如果没有时间，那么就想办法抽出一些时间。登山，不仅是一项运动，也是放飞心灵、开阔胸怀、释放工作压力的好方式。

■ 白雪皑皑的山峰倒映在湖中，一切都是那么纯净，宛若仙境

■ 登上山顶的登山者

沿途亮点

勃朗峰快车

勃朗峰有一列快车，在车上可看到美丽的特里恩峡谷，水流飞溅的瀑布、雄伟陡峭的高山、苍莽葱郁的森林、点缀其间的欧式小木屋，以及连绵至勃朗峰的冰川，这些景观构成既俊美又宏伟的山水画卷。

冰海

南针峰有一条小道，尽头便是冰海。冰海的面积位列阿尔卑斯山脉中众多冰河的第二位。冰海是一条移动的冰河，以每年45~90米的速度移动，因此，冰海也是一条十分危险的冰河，需要齐全的设备和丰富的经验，才能安全跨越冰海。

Tips

❶ 攀登山峰时，注意安全。
❷ 不要在没有向导的情况下穿越冰海。

地理位置：喜马拉雅山脉尼泊尔和印度边界处
探险指数：★★★★☆
探险内容：登临山顶
危险因素：活动冰川、雪崩
最佳探险时间：10、11 月

干城章嘉峰

探寻白雪宝藏

5 座耸立的高峰，上面的积雪千年不化。它们像白色的宝藏，远远地吸引着人们的目光。在这里，如果你没有专业的装备，最好还是以观光为主，不要企图征服巍峨的高山。

■ 苍劲的松树与白茫茫的雪山构成一幅奇美的画卷

世俗的纷扰，使人筋疲力尽。很多人都幻想在黑夜里，撕掉面具，逃离城市，然而这也只是幻想。去登山吧，在山顶欣赏风景，放松心情，恢复青春活力。

干城章嘉有"雪神五项珍宝"之意。在喜马拉雅山中段，尼泊尔和印度边界处，有

◾ 在冰天雪地里搭帐篷宿营也是一件乐事

一座海拔仅仅比珠穆朗玛峰低300米的山峰，就是干城章嘉峰。它有5个峰顶，海拔均超过8000米，因此被称为"五朵雪莲"。

奇险、逶迤、平坦、突兀、温柔、呼啸，这些在山的身上都可以体现出来。山既可以有鬼斧神工的雕琢，也可以有平淡无奇的样貌。干城章嘉峰则将雄壮的风采和朴素的品格融于一身。它有豪迈的情怀，也有俊秀的外貌。仁者乐山，智者乐水。大山不惧怕任何压力，有刚毅的性格，但平素却显得和蔼慈祥，文质彬彬，英俊而柔情。

在山脚下的城市里漫步，遥望着高耸入云的干城章嘉峰，心中充满了震撼和膜拜。在街道上行走，温暖的清风吹拂，仿佛家乡的"吹面不寒杨柳风"。纵使有高大的建筑，也挡不住干城章嘉峰雄伟的身姿。

巍巍的高山，震慑着附近的居民。锡金人把它视为神山，认为它是神灵居住的地方。人们对干城章嘉峰敬畏有加，不敢攀登，更遑论征服了。

1998年3月16日，来自中国的一支高山探险队从拉萨出发，前往尼泊尔。同年4月1日，探险队全员抵达孜让峡谷。其后，经过跋涉，探险队于4月11日登临贡布嘎那冰川，并建立了大本营，进行了庄严的升旗仪式。

凛冽的寒风呜呜作响，五星红旗在风中飘扬。队员们精神抖擞，豪气干云。望着远处的山峰，他们充满了信心。随后，他们返回营地，安排具体的登山方案。1998年5月9日，他们于北京时间3点50分出发，黑夜中的雪山依然亮如白昼。队员们迈着沉重的脚步，一步一个脚印，坚强勇敢地向前走去。经过10多个小时的拼搏，他们登临峰顶。

■ 雪白的山峰和翠绿的峰林形成起伏的曲线，犹如跳动的音符

人类再一次把千城章嘉峰踩在脚下，鲜艳的五星红旗在风中飘扬。

在人类征服高山的过程中，也充满了危险，严重的甚至丢掉了性命。然而，不管多么高的山峰，多么危险的道路，都不能阻挡人们登临山顶的壮志雄心。征服大自然，是人类天生的本性。站在高山之巅，他们却不会得意忘形，因为，不管征服了多少高山，在大自然眼中，他们都只是朝圣者。在山巅，他们都能撕掉虚伪的面具，获得一颗虔诚而敬畏的心。

沿途亮点

蓝毗尼园

释迦牟尼的诞生地。公元前 624 年 4 月 8 日，佛祖诞生于蓝毗尼园一棵婆罗双树下。蓝毗尼园是善觉王为其夫人蓝毗尼建造的花园。此后，它逐渐荒芜。1896 年，人们在这里发现了孔雀王朝、贵霜王朝、笈多王朝时期的遗物。尼泊尔政府在这里修建了休息所，供游人免费住宿。在 2015 年尼泊尔发生的强烈地震中，蓝毗尼园保存完好。

奇旺国家公园

是尼泊尔最大的野生动物园，也是亚洲最大的森林动物园之一。它是大象、犀牛、虎、豹、鳄鱼的天堂。骑乘大象在公园里游玩是最受游客喜爱的项目之一。骑在行走中的大象背上，感觉就像是坐在一条随着波浪轻轻起伏的船上。跟随大象，开始一段奇幻之旅。

Tips

❶ 尊重尼泊尔人民的风俗习惯及宗教信仰。

❷ 在酒店或在酒吧用餐，都要付些小费。

❸ 不要摸小孩的头部，因为在当地头是神圣的部位。

❹ 尼泊尔人点头表示不同意，摇头表示同意，和中国恰恰相反。

地理位置：中国西藏与尼泊尔交界处
探险指数：★ ★ ★ ☆
探险内容：登山
危险因素：雪崩、低温
最佳探险时间：春、秋两季

洛子峰

★ ★ ★ ★ ★ ★ ★ ★ ★ ★ 邂逅青色仙女 ★ ★ ★ ★ ★ ★ ★ ★ ★ ★

青色美貌的仙女啊，你在高山上耸立，傲视着人间。众生在你脚下臣服。然而，总有一些悍不畏死的冒险者，想要挑战你的威严。你纵使用大雪覆盖身躯，你纵使用冰川挡道，这些都不能阻挡冒险者们前进的脚步。

洛子峰在藏语中称为"丁结协桑玛"，意思是"青色美貌的仙女"。仙女对于凡人来说，只可远观不可亵玩。洛子峰的地形特别险峻，环境异常复杂。在8000多米的高度上，冰川广布，气候变化多端。故而，攀登特别困难。

1956年5月18日，一支经验丰富的瑞士登山队来到洛子峰山脚下，决定征服这座巍峨高耸的大山。

从山脚向上望去，一股雄浑的气势压迫而来，大自然总是用这种不可战胜的姿态向挑战者施压。然而，当挑战者登临绝顶的时候，一切似乎看起来也不是那么难，没有什么可以阻挡前进的脚步。

队伍从大本营出发到一号营地，那里覆盖着千年的冰碛和冰川。错综复杂的地形，长长的路线，坡度又大，还有数不尽的巨大冰裂缝。这些都给攀登造成了很大的困难和挑战。然而，这支登山队有着丰富的登山经验，顺利地到达了一号营地。休息之后，接

◾ 在雪峰庇荫下的舍利塔，安静祥和

着向二号营地进发。

这一段路，相对于接下来的路来说比较好走。登山队顺利到达二号营地。

风怒吼着，卷起的积雪在天空中弥漫起来，像一片茫茫的大雾。大风停止，飞雪落下来，增加了积雪的厚度。积雪常常有60多厘米深。在如此深的积雪中步行都很费力，若是登山的话，难度就更加大了。

按照制订的计划，登山队抱着必登绝顶之心，向着山顶前进。坡度增加，有些地段

■ 日喀则的扎什伦布寺

坡度甚至达到了 85°。这些困难在这支登山队伍眼中，是为今后取得的荣誉增加的含金量。时间在一分一秒地流逝，体力也在流失，距离山顶也越来越近。

当他们登上绝顶，把大山踩在脚下，为之付出的努力全部化为骄傲的心情。"会当凌绝顶，一览众山小"。他们是不是也有这样的心情呢？

沿途亮点

日喀则

在藏语中的意思是"水土肥沃的庄园"。中国游客可以先到日喀则，其后观赏洛子峰风光。日喀则有丰富的动、植物资源，还有特色旅游景点。这里有西藏黄教六大名寺之一、保存有世界最大镏金铜佛像的扎什伦布寺等建筑。

萨迦寺

坐落于萨迦县的奔波山上，是藏传佛教萨迦派的主寺。萨迦寺用象征文殊菩萨的红色、象征观音菩萨的白色和象征金刚手菩萨的青色来涂抹寺墙，所以萨迦派又俗称为"花教"。

吉隆沟

号称"世外桃源"。从山顶眺望又深又长的吉隆沟，视野远处是湛蓝如洗的苍穹、白雪皑皑的连绵山峰；目光下移，一道碧绿的幽谷向雪山深处蔓延而去。四季如春、温润宜人，任何时候都有盛开的鲜花。

Tips

❶ 容易发生高原反应，应做好准备。

❷ 这里日照充足，注意防晒。

地理位置：美国阿拉斯加州中南部
探险指数：★★★☆☆
探险内容：登山
危险因素：天气多变、雪崩
最佳探险时间：6-9月

麦金利山

太阳之家

它高大、雄伟，由于很难攀登，这里修筑了一条曲曲折折的小路，直通山顶。这条小路长 58 千米，常年被积雪覆盖。即使是专业的登山队员，也需要两周才能登上山顶。对于普通人来说这无疑是一项巨大的挑战。

▫ 雪峰、冰川交相辉映，绿树成带，风景优美

在大自然风姿各异的雪山中，一定都有着一种比荣誉更强大的驱动力。大自然是如此神秘而有诱惑力，很多登山者不惜把辛苦多年的积蓄甚至生命倾注在一座雪山之上，我相信，这绝不仅仅是为了荣誉，更多的是对生命的热爱。

在世界名山中，麦金利山可以说是首屈一指。珠穆朗玛峰虽然是第一高峰，但是相对高度较低。麦金利山从山脚到山顶有 5500 米的高度，比珠峰还要高 1800 米。攀登麦金利山是一项很大的挑战。

北美洲的第一高峰是麦金利山，当地印

■ 迪纳利国家公园

第安人称呼它为迪纳利峰。在印第安语中，迪纳利是"太阳之家"的意思。后来改名为麦金利，是因为美国探险队攀登此峰成功，为表庆祝和纪念，便以美国第二十五届总统威廉·麦金利的名字命名。麦金利山在阿拉斯加山脉的中段，阿拉斯加山脉位于美国阿拉斯加州。

1947年，芭芭拉在其丈夫布拉德福·华斯伯恩的陪同下登上了麦金利顶峰，成为第一位登顶麦金利的女子。随着时间的推移，越来越多的探险爱好者开发出更多、更难的登山路线。

绿色的森林，雪白的山峰，广阔的冰川，在阳光下交相辉映，风光优美，令人耳目一新。无边无际的蓝莓长在红色的海洋里。在红叶的衬托下，蓝色的果实显得特别美丽。在这里，人们可以感受到冬季的漫漫长夜，也能享受夏季的漫长白夜，奇妙的极地风光令人赞叹。

由于麦金利山是北美洲的第一山峰，吸引了世界各地的旅游者和登山探险者。为了方便普通游客，这里修筑了一条曲折的小路，直通山顶。然而由于这里的天气变化无常，小路的大部分常被积雪覆盖，攀登十分困难。天气突变和雪崩成为探险者面临的最大困难，每年都会造成登山者遇难的悲剧。然

■ 雪白的山峰巍峨陡峭，烟雾弥漫，颇具挑战性

■ 机动雪橇在冰川着陆，留下一道道痕迹

而，探险者们对此毫不畏惧，他们争先恐后来到这里，以自己的体魄和智慧向麦金利山挑战。

在麦金利山的夏季，可以看到多种动物成群结队向同一个方向迁徙，第二年春天，这些动物又会顺着原路回来，在这片丰盛的地方生殖繁衍。因此，麦金利山也是美国的野生动物保护区。

乘坐火车观赏麦金利山也是一个不错的选择。在阿拉斯加铁路线上，有一条通向麦金利山的铁路。和飞机旅行相比，火车旅行有更多的时间去欣赏风景。点一瓶葡萄酒，一边慢慢品尝，一边透过车窗看风景。黑松如喝醉的大汉，在原野上东倒西歪，因而，这片树林被形象地称为醉林。

渐行渐远，原野变得极为广阔。突然，火车开始减速，不是到站了，而是麦金利山峰顶出现在视野之中。一般情况下，麦金利山峰顶会被云雾遮罩，很难见到。人们屏住呼吸，被峰顶的美震撼得无法言语。

沿途亮点

迪纳利国家公园

它以巍峨的麦金利山为标志。在麦金利山顶，冬季气温会降到零下40℃左右，是世界上气温最低的山脉。这里极冷，只有一些低矮耐寒的木本植物和多年生草本植物以及苔藓和地衣生长。

安克雷奇历史艺术博物馆

它以公私合伙方式创立，其目的是庆祝购买阿拉斯加100周年。它旨在搜集、保存、展示及诠释一些描绘阿拉斯加极地的艺术、历史与文化的文物。

Tips

❶ 8月至次年4月是极光观赏期，内陆区和北极区都可以直接看到。

❷ 准备好防水防滑的鞋子、防水的衣裤，还要携带墨镜、防蚊喷雾等。

地理位置：喜马拉雅山脉中段尼泊尔境内
探险指数：★★★★☆
探险内容：登顶、环山徒步
危险因素：雪崩、冰崩
最佳探险时间：春、秋两季

道拉吉里峰

★★★★★★★★★★★ 魔鬼山神 ★★★★★★★★★★★

在黄昏，顶峰的飞雪在夕阳的映照下如火山喷发，一片火红，这使得道拉吉里峰十分像一座火山——一座魔鬼之山。

▶ 桑冉库特

人类首次登顶道拉吉里峰是在 1960 年 5 月 13 日，这也预示着人类已经征服世界十大高峰。其实论气候，道拉吉里峰近似于珠穆朗玛峰，夏季为大陆性高原气候，冬季则为风季和干季。而这两个季节都是不能攀登道拉吉里峰的。因为在 6 月至 9 月的雨季里有东南季风，而且十分强烈，它会给道拉吉里峰带来大暴雨，并因此引发一系列的致命灾害：雪崩、冰崩。而雪崩和冰崩都能导致道拉吉里峰冰雪肆虐，气候恶

■ 冰雪里辛苦劳作的搬运工

劣得足以夺取山上的每一个生命。而在 11 月至次年 2 月，西北寒流又会如期而至，强烈的寒流所带来的是风速高达 90 米 / 秒的暴风和接近零下 60℃的冷空气。在这样的气候中，人类是根本无法在山峰上立足的，更不要说攀登峰顶了。只有在 4、5 月，或是 9、10 月，也就是雨季与风季过渡期间，才能攀登道拉吉里峰。其中，春季的 4、5 月是最佳的攀登时期，因为这个时期好天气能持续半个月左右。

在道拉吉里峰攀登，有南壁和北壁两条线路，不过南壁的雪岩混合路线是世界上海拔最高的，而且几乎每天都有雪崩发生，因此想要从这里攀登峰顶颇有难度。关于道拉吉里峰南壁攀登，最有发言权的要数登山家莱因霍尔德·梅斯纳尔，他曾经 3 次尝试从南壁攀登峰顶，不过前两次都以失败告终。他说："在尼泊尔那一片群山里，道拉吉里峰鹤立鸡群，但它因为氧气稀缺，所以也是生命禁区。对于海拔 8000 米以上的山峰来说，登顶并不重要，重要的是每一次都有新的探索。"最终，他成功地从南壁登顶，征服了这座山峰。

不过，现在的探险者倘若要去攀登道拉吉里峰，一定要以安全为上。因为这座山峰吞噬了太多探险者的性命：英国女登山家哈

■ 绿色的森林，雪白的山峰，在阳光下交相辉映，风光优美，令人耳目一新

瑞森 1999 年攀登该峰时失踪；中国道拉吉里峰民间登山队 8 名队员首次于 2010 年 5 月 16 日攀登此峰时，牺牲 3 人。每一个遇难的生命都是一个警示：千万不要以死亡为代价去攀登山峰。

沿途亮点

桑冉库特

桑冉库特是一座海拔 1592 米的尼泊尔小镇，在博卡拉西北面，想要在博卡拉观赏喜马拉雅山日出的话，就来这里吧。在这里既能亲近喜马拉雅山，又不需挑战体力，而且在这里能够以最佳的角度欣赏到喜马拉雅山日出。

鱼尾峰

从博卡拉眺望远处的山峰，最高、最醒目的那座便是海拔 6997 米的鱼尾峰。它坐落在安纳普尔纳山脉的群峰中，形状酷似一条奋力摆动尾巴的鱼儿，那神似鱼尾的峰尖在朝霞或是晚霞的照耀下，美丽梦幻。一直以来，当地人都把鱼尾峰尊为神山，当地政府为此颁布了攀登禁令。

■ 美丽而梦幻的鱼尾峰

地理位置：中国西藏自治区林芝地区

探险指数：★★★★☆

探险内容：登山

危险因素：地形变化剧烈、雪崩

最佳探险时间：10 月至次年 4 月

南迦巴瓦峰

神秘莫测的云海

　　去雅鲁藏布大峡谷看最美的南迦巴瓦峰，去看南迦巴瓦峰神秘莫测的云海，人的一生应该有这样一次约会，一次洗涤灵魂的、与雪山的约会。

■ 南迦巴瓦峰山脚下植物繁茂，物种丰富，而直逼蓝天的顶峰，终年积雪，气象变幻莫测

　　海拔 7782 米的南迦巴瓦峰，地处雅鲁藏布大峡谷地区，峰体呈三角形，终年云雾缭绕，人们几乎很少看到它巨大的真面目，所以称它为羞女峰，不过当地人也叫它"木卓巴尔山"。在世界上海拔7000～8000 米的山峰中，南迦巴瓦居首位，

同时也位列世界最高峰前 15。南迦巴瓦峰山峰陡立，加上所处位置强烈的板块构造运动，导致地震和雪崩等地质灾害终年不断，因此长期以来都是人类攀登峰顶的难题。不过，这个难题终于在 1992 年 10 月 30 日被中日联合登山队克服。

虽然人类已经征服了南迦巴瓦峰，但它依然是人们心目中的圣山，人们对它充满敬畏。相传南迦巴瓦峰是天上众神聚会之所，那些环绕山峰的云雾，便是众神煨桑时燃起的烟雾。

不过，南迦巴瓦峰还有另一个广为流传的故事：很久以前有南迦巴瓦和拉加白垒兄弟两个，哥哥南迦巴瓦忌妒各方面都比自己

优秀的弟弟拉加白垒，因此趁他不注意，将他头颅割下来扔掉了。如今米林县境内的德拉山便是弟弟拉加白垒的头颅的化身。上天大怒，决定惩罚南迦巴瓦，于是将他变成山峰永远在雅鲁藏布江边陪伴弟弟。倘若看到过这两座山，便会明白这则故事的来历：德拉山有着圆鼓鼓的峰顶，仿佛一个人的头颅；而南迦巴瓦则仿佛因罪孽深重而无脸见人，所以常年云雾遮掩。

无论是众神聚集地，还是兄弟情，都只是传说。从自然地质角度来看，南迦巴瓦地区因为上端 3 大坡壁陡峭，下端基岩裸露，满布雪崩沟溜槽，成为登山家们不可征服的难题。但又因为它地处热带和寒带之间，有

■ 景色秀丽的巴松错

冰川和云雾交相辉映，风景极美。

　　想要看到南迦巴瓦峰的真容，需要在山脚下的村子里住下来，静候天气最好的那一天。夜里，可看到明亮的月亮高悬在南迦巴瓦峰顶，此时，云雾散去，山峰变得通透而明亮。这时，你的灵魂也许会因为被涤荡而变得纯净起来。

沿途亮点

巴松错

位于距林芝地区工布江达县 50 多千米的巴河上游的高峡深谷里，是宁玛派的一处著名神湖和圣地。巴松错景区集雪山、湖泊、森林、瀑布牧场、文物古迹、名胜古刹为一体，景色殊异，四时不同，各类野生珍稀植物汇集，是林芝地区最早为人所知的风景区之一。

喇嘛岭寺

是宁玛派寺庙，属藏传佛教四大教派之一，建于 20 世纪 30 年代。寺庙里金顶与翠柏相互映衬，格桑花在经堂和僧舍四周开得繁茂灿烂，雄浑的诵经声与清脆的铙钹声交融在一起，在山谷中回荡。寺庙里有宁玛派创始人莲花生大师塑像和释迦牟尼塑像，还有被称为藏东一绝的精美壁画，以及莲花生大师践石遗迹。

Tips

❶ 如果你担心有高原反应，可以考虑准备红景天和西洋参含片，提前一两天就开始吃。

❷ 西藏的日照时间长，但昼夜温差也大。为了预防感冒，防风防雨保温暖和的衣服都是很必要的。

❸ 要带一些常用感冒药、肠胃药、防蚊虫的花露水、防暑药品、晕船晕车药以及防蚊虫药水等。

地理位置：瑞士与意大利边境
探险指数：★★★★☆
探险内容：登山
危险因素：缺氧、低温
最佳探险时间：夏、秋两季

马特洪峰

★★★★★★★★★★★★ 欧洲群山之王 ★★★★★★★★★★★★

　　在群山环抱的冰川之城中，喜欢运动的你可以买一副滑雪用具展现你精湛的滑雪技艺；喜欢安静的你可以早早地来到冰河之下，在装饰华美的地下世界里，一边品酒，一边听音乐。在冰川之城，如果你喜欢挑战自我，还可以去攀登令人畏惧的马特洪峰。

□雪中行进的列车

　　在晨光初照、山花烂漫之际登上山顶，看看是否伸手就能触摸到天边的云；在晚霞伴随炊烟升起之时，采一抹斜阳，看着一群群倦鸟返巢。但是，并不是所有的高山都难以攀登，也并不是所有的高山都需要攀登。在山脚下的小城镇中游玩，

一边享受小城镇的惬意，一边欣赏高山的美景，也是一个不错的选择。

　　采尔马特是瑞士的一座小镇，有着"冰川之城"的美称。它位于阿尔卑斯山的群峰之中，是世界著名的无汽车污染的山间旅游胜地，因马特洪峰的存在而身价不菲。小镇环境幽雅，空气清新，马特洪峰无比阳刚，气势宏伟，在欧洲有"群山之王"的赞誉。两者相结合，刚柔并济，产生无与伦比的美丽。

　　在采尔马特小镇，你可以一边领略瑞士风情，一边欣赏马特洪峰的雄伟壮丽。沿着小镇中心街道向东走去，其热闹繁华不输一般小城的闹市。街道两侧的商店多是卖旅游纪念品的，而各种体育用品店、面包房和咖啡馆也鳞次栉比。一路走来，看到很多穿着各式滑雪服、背着各种滑雪板的滑雪爱好者，厚重的滑雪套靴使他们不得不以独特方式迈着大步，显得有些滑稽。

　　在采尔马特，一年四季都有滑雪场。这

里雪质优良，除了绝佳的登山健行步道与最受人们喜爱的滑雪场，还有冰川飞度椅、欢乐滑雪座、单腿蹬滑板等雪上运动项目，是人们欢聚一堂的度假胜地。而马特洪峰则是登山爱好者的天堂，它是瑞士引以为骄傲的象征。特殊的三角锥造型，以其一柱擎天之姿，直指天际。

每当朝阳升起，或者夕阳西下，美丽的阳光使常年积雪的山体折射出金属般的光芒，摄人心魄。马特洪峰是阿尔卑斯山脉中最后一个被征服的主要山峰。不算攀登技术上的困难，就是那陡峭的外形，就给了攀山者极大的心理恐惧和压力。

采尔马特位于马特洪峰山脚下，是观赏马特洪峰的最佳地点。在小镇的中心马特菲斯河边，更是观赏马特洪峰晨曦的不二之选。在这里，沿着河道远望马特洪峰，没有了屋顶和树枝的遮挡，视野相对很开阔。对观光客而言，在这里观赏，马特洪峰只是一个遥不可及的美景；然而对登山者而言，这里是攀登马特洪峰的起点。

马特洪峰独特的造型和陡峻的山势，吸引了众多登山爱好者前来挑战。1865年7月14日，马特洪峰首次迎来了成功登上山顶的客人。此后，登山爱好者一年四季都来攀登马特洪峰。现在登山技术上虽然还有困难，但是对于老手来说，已经不是问题了。

▫ 里弗尔湖正对着马特洪峰，可以清晰地观看山峰的倒影，若不是微风吹起了湖面微澜，会让人误以为自己走进了画中

沿途亮点

马特洪峰列车

是瑞士采尔马特登山铁道公司于 2003 年冬季开放使用的新缆车路线。乘坐这辆列车，游客只需要 12 分钟就可以到达深山之中，去欣赏马特洪峰的美丽景观，节省了游客们的宝贵时间，并且这辆列车乘坐起来更加舒适。

阿尔卑斯山博物馆

是在采尔马特游览必不可少的一部分。一楼展示采尔马特及马特洪峰的历史、登山事迹、模型等，二楼展出阿尔卑斯山的地貌和自然历史，三楼则展示阿尔卑斯山脉的生活方式及器具等。

全世界海拔最高的冰窟

它在马特洪峰冰川天堂上，海拔高度 3820 米。在冰河表面以下 15 米，你可以在精心设计的灯光与空灵的音乐声中体验冰河的世界、阅读关于冰河成形的地理资料、品尝美酒并欣赏其中深具艺术价值的各式冰雕作品。

Tips

❶ 瑞士没有加入欧盟，在那里消费的时候，最好使用瑞士法郎。

❷ 晚上尽量避免单独外出。

▫ 破晓时的采尔马特山谷，温馨浪漫

地理位置：中国与尼泊尔交界处
探险指数：★ ★ ★ ★ ★
探险内容：挑战地球之巅
危险因素：严寒、缺氧、风暴
最佳探险时间：4-6 月

珠穆朗玛峰

★ ★ ★ ★ ★ ★ ★ ★ ★ ★ ★ 挑战地球之巅 ★ ★ ★ ★ ★ ★ ★ ★ ★ ★ ★

　　站在地球之巅，还没有来得及感叹，一阵大风袭来，身体摇摇晃晃，如喝醉了酒一般。听着呼呼的风声，似乎感觉到了寒风刺骨。然而，温暖的登山服把严寒挡在了外面。五星红旗在空中迎风招展，拿出准备好的相机，拍下这值得纪念的一刻。

🔲 险峻的悬崖绝壁，让人对勇敢的登山者叹服不已

　　珠穆朗玛在藏语中的意思是"第三女神"。因而，珠穆朗玛峰被藏人称为"圣母"。它是世界最高峰，位于中国与尼泊尔交界的喜马拉雅山脉之上。早在清代康熙年间，清政府就在地图上明确标示了珠穆朗玛峰所在地，当时称"朱母郎马阿林"。1952 年，中国政府将此峰正式命名为"珠穆朗玛峰"。

　　珠穆朗玛峰坐落在群峰之间，这些山峰都很高大，仅海拔 7000 米以上的就有 40 多

▫ 巍峨的珠穆朗玛峰以自身的神秘和威严吸引着全球的登山者

座，但它们比起珠穆朗玛峰来，依然是小巫见大巫。而群峰将珠穆朗玛峰簇拥在一起，那场面又极其壮观。

你无论如何也想不到，这片峰头汹涌、气势恢宏的群峰区，在千万年之前却是一片汪洋。长时间的海水冲刷给这里带来大量泥沙和碎石，形成了厚厚的海相沉积岩层，这便是喜马拉雅山地区的雏形。后来，地球发生剧烈的板块运动，喜马拉雅山地区受到板块挤压被猛烈抬起，成为巍峨壮观的山峰群。而且地壳运动还在继续，喜马拉雅山的山峰还在继续增长。

有趣的是，珠穆朗玛峰是世界最高峰，但是其峰顶并不是离地心最远的地方。据科学测量，距离地心最远的点位于南美洲的钦博拉索山上。但是这不会影响珠穆朗玛峰在人们心中巍峨的形象，以及在世界人民心中产生的印象。

面对如此高的山峰，很多登山爱好者用他们坚忍不拔的意志、吃苦耐劳的精神、锲

而不舍的态度、脚踏实地的行动，终于征服了这座高山。珠穆朗玛峰顶，给人高处不胜寒的感觉。由于地理环境独特，峰顶的最低气温达零下34℃。积雪常年不化，冰川、冰坡、冰塔林到处可见。在峰顶，空气稀薄，含氧量很低，而且经常刮大风，甚至12级大风也很常见。大风一起，雪花飞舞，弥漫天际。这些都给登山带来了重重的困扰和严峻的考验。

从20世纪60年代起，中国科学工作者

▫ 傍晚，夕阳让整个山峰散发出金色的光芒

就对珠穆朗玛峰进行了实地考察和研究，在古生物、自然地理、高山气候以及现代冰川、地貌等多方面，都获得了丰富而有价值的资料，为中国开发利用西藏高原的自然资源提供了极其重要的科学依据。

高山险峻，依然不能阻挡人类探索世界的脚步。探险者的精神将伴随着五星红旗，在世界最高峰上飘扬。

根高耸入云的旗杆，那么峰顶的云彩便是那面飘扬的旗帜。它或是高高飘扬，或是起伏飘荡，千姿百态，让人看得入了神，着了迷。

Tips

❶ 攀登珠峰需要专业的设备和高水平的攀登技术。
❷ 注意团结合作。
❸ 现在有专业的珠峰登山向导，只要你有一定的体魄和金钱，也可以登上珠峰。

沿途亮点

绒布寺

位于珠穆朗玛峰下，距县驻地 90 千米，海拔约 5100 米，地势高峻寒冷，是世界上海拔最高的寺庙，所以景观绝妙。

旗云

珠穆朗玛峰既有梦幻的冰雪世界，也有独特的奇峰异峦，无论哪一种风景，都让人们沉醉。不过珠穆朗玛峰还有一种独一无二的风景：峰顶的云彩。倘若说珠穆朗玛峰是一

▣ 阳光洒在盖满白雪的山峰上，为登山者带来温暖

▣ 珠穆朗玛峰山脚下矗立着一座世界海拔最高的寺庙——绒布寺

地理位置：非洲坦桑尼亚东北部
探险指数：★★★★☆
探险内容：登顶
危险因素：低温、缺氧
最佳探险时间：1-3 月

乞力马扎罗山

★★★★★★★★★★★ 非洲屋脊 ★★★★★★★★★★★

"乞力马扎罗山是一座海拔 5895 米的常年积雪的高山，是非洲最高的山。在西高峰的近旁，有一具已经风干冻僵的豹子的尸体。豹子到这样高寒的地方来寻找什么，没有人能够解释。"

▣ 满覆冰雪的乞力马扎罗山是登山爱好者渴望征服的目标

乞力马扎罗山是非洲最高的山脉，许多地理学家则称它为"非洲之王"。它原本是一座火山，山顶终年满布冰雪，但如今冰川消融现象非常严重。尽管山顶被冰雪覆盖，但是山腰上却生长着茂密的森林。树木高大，种类繁多，其中不少是非洲乃至世界上的名贵品种。

乞力马扎罗山因气候、地质和高度不同，分为好几种植被圈。在海拔 2000 米以下的山腰部分，堆积着厚厚的火山灰，经年累月，火山灰变成肥沃的土壤，当地人在上面种满了热带经济作物，如香蕉、甘蔗和可可等。温暖的气候和充沛的雨水让这些经济作物长得十分茂盛。而山脚下则是典型的非洲热带风光，十分迷人。因为生态环境好，所以乞力马扎罗山周围的平原，成为众多动物栖息、聚集的最佳场所。因此这里又是有名的野生动物保护区，不但有斑马、鸵鸟、长颈鹿、非洲象、犀牛等众所周知的热带动物，还有阿拉伯羚、大角斑羚、蓝猴、疣猴等稀有野

■ 安波塞利国家公园内的象群悠闲地散步

生动物，它们在一望无际的热带植物丛里嬉戏玩耍，自由自在。

乞力马扎罗山是坦桑尼亚人的骄傲。1961年，坦桑尼亚人民载歌载舞，大肆庆祝自由。他们将乞力马扎罗山的主峰改称为"乌呼鲁峰"，意为"自由峰"，象征着勤劳勇敢的坦桑尼亚人民在争取民族独立、国家自由的斗争中所表现出的不屈不挠的坚强意志。同年12月8日，坦桑尼亚的国旗插在了乌呼鲁峰之上，标志着殖民主义的结束，自由的来临。

关于乞力马扎罗山的来历还有很多版本的传说。流传最广的一个是：一位小男孩在草原上放牧归来遇见了恶魔，聪明的小男孩立即弯腰抓了一把沙土向恶魔撒去，这把沙土忽然变成了大山，将恶魔压在了山底。后来，这座大山就成了乞力马扎罗山。

美丽的传说，刻画了当地人民不怕困难，坚持同恶势力做斗争的精神。巍巍的乞力马扎罗山顶部积雪皑皑，山腰云雾缭绕，充满着庄严而又神秘的色彩。夕阳西下，山顶的云雾渐渐散去，积雪在余晖的照耀下格外美丽。

沿途亮点

安波塞利国家公园

是非洲度假胜地之一。这里有很多野生动物，最著名的是大象，聪明、热情、温柔，是它给人们留下的印象。在这里，可以一边观赏成群的野生动物，一边远眺乞力马扎罗山。

达累斯萨拉姆

在坦桑尼亚的官方语言里，是"平安之港"的意思。它是坦桑尼亚的首都，也是北京奥运会火炬传递途经的唯一非洲城市。它还是著名的"海上丝绸之路"沿线城市，郑和下西洋时曾经来到过这里。

Tips

❶ 要了解一些预防疟疾的知识。

❷ 在小地方旅行，需要携带足够的现金。

❸ 在衣着方面，以轻便为主，颜色以暗淡为主。

❹ 注意与野生动物保持距离，以防发生危险。

▫ 坦桑尼亚的首都——达累斯萨拉姆

地理位置：中国西藏自治区西南部
探险指数：★ ★ ★ ★ ☆
探险内容：转山
危险因素：环境恶劣、天气多变
最佳探险时间：5、6月

冈仁波齐峰

★ ★ ★ ★ ★ ★ ★ ★ ★ ★ 神灵之山 ★ ★ ★ ★ ★ ★ ★ ★ ★ ★

　　转山是藏民的一种信仰和寄托，而且转山的圈数也是有说道的：都为单数。1圈意味着今生的罪孽已消除；转13圈，就能将前世来生的所有罪孽洗净，同时有资格转内道；108圈则表示已经成佛为仙。一般藏民都是转1圈或13圈。

■ 冈仁波齐峰顶四季冰雪覆盖，山脚经幡飘飘

　　冈底斯山脉的主峰海拔6656米，名为冈仁波齐山峰，它位于普兰县的玛旁雍错北面，橄榄形的山峰高耸入云，山峰顶端常年冰雪覆盖，如同水晶一般泛着莹亮的光彩，而四壁山石对称，又如莲花环绕，将冈仁波齐衬托得越发神秘。

250多条冰川给冈仁波齐峰带来大量水源，这些水源往下流去，分别进入雅鲁藏布江、印度河和恒河等流域，因此可以说，冈仁波齐峰是这些河流的发源地。冈仁波齐峰东边是传说中释迦牟尼攀登过的万宝山，度母山、智慧女神峰和护法神大山分别位列另外三面，因此它被称为"神山之王"，是西藏佛教、印度教、原始本教等众多宗教人士的朝拜圣地，每年都有大量的信徒来这里朝拜和转山。

冈仁波齐峰有一点异于其他山峰，那就是向阳面终年积雪不化，背阴面却不见积雪。这种有悖常理的现象至今无人能够解释。冈仁波齐峰与其他山峰一样巍峨挺拔，因此看上去气势磅礴。但倘若走近它，会发现它还具备一种静谧肃穆的气质：山上随处可见灌木松柏、清溪幽泉，与山顶的冰雪相互映衬，显得幽静至极。

冈仁波齐峰和同样气势雄峻的纳木纳尼峰遥相呼应，它们像是两个婴儿，静静地卧在巴嘎平原上，仿佛世界的纷扰都与它们无关，而它们的景色确实美得不像话，如世外桃源一般。在这里转山，也是一种美的享受。信徒们完成转山，虽然累得筋疲力尽，但心中却早已被幸福和满足充盈。即使不是佛教徒，来到这里，也会被一种大自然的力量所震撼。

冈仁波齐峰有内外两条转山道，内线是以因揭陀山为核心的转山道，外线是指围绕冈底斯山的大环山线路，这条线路总长32千米，倘若徒步的话3天就可走完一圈，但要是信徒们磕头长拜，则需要半个月之久。而且信徒们不只是转一圈就停止，他们一般都是要转足13圈，再去内线。也就是说，

▫ 美得令人窒息的玛旁雍错湖

只是转外圈，他们就需要近 300 天，再加上转内线，那么信徒们想要转完冈仁波齐峰，则需要一年的时间。这需要多么大的恒心和毅力啊！属相和转山也有关系，相传马年来朝拜神山，是人生中最幸运的事情，因为马年转山 1 圈所收获的功德和经验，相当于其他年份转山 13 圈的功德。

沿途亮点

两腿佛塔

在海拔 4750 米的转山道上，建有一座佛塔，塔形别致：双腿分开形成门形通道，取"冈底斯神山之门"的含义。据说，有罪的人是无法通过这座佛塔的，只有无罪的人才能得到神的眷顾，能够通过此处。

经幡柱

1681 年，森巴人入侵，噶丹泽旺率部队击溃敌人。为了纪念英雄们，经幡柱挂上阿里法王大经旗。大旗每年一换，阿里地方的百姓们每年藏历四月十五都会来到此地举

行神圣而隆重的换旗仪式。这是神山最热闹的一天，因此又被称为"阿里聚众之日"。

拉昂错

与圣湖遥相呼应的鬼湖拉昂错，位于去往普兰县的路上。圣湖是淡水湖，鬼湖是咸水湖。虽然是咸水湖，但鬼湖的景色却十分美丽：湖心有暗红色的小岛，远远看去，梦幻迷离。湖边是卵石滩，卵石白亮圆润，众多的卵石堆在一起，像是一条银亮的丝带镶嵌在鬼湖边，将鬼湖打扮得十分妩媚。

Tips

❶ 转山前应把行李寄存在旅店，否则会因负荷过重导致体力透支，在高山上会很危险。

❷ 去冈仁波齐峰一定要办边境通行证，在巴嘎会有检查站查边境证，有时还会有流动的检查哨。

❸ 在进入高原前请尽量减少烟酒的摄入量，最好能克制住（目的是更快地适应高原气候而不引起其他不适症状）。

▫ 拉昂错湖水蓝得令人心醉，却被冠以"鬼湖"的恶名

地理位置：高加索山脉俄罗斯西南部
探险指数：★★★★☆
探险内容：登顶
危险因素：严寒、缺氧
最佳探险时间：夏季

厄尔布鲁士峰

"二战"的军事制高点

很长一段时间里，西方人一直把勃朗峰作为欧洲最高峰。其实厄尔布鲁士峰才是欧洲的最高峰。原本火焰喷涌，如今已是冰雪覆盖，冰川下垂。独特的形体，特殊的地理位置，使攀登欧洲之巅成了一项巨大的挑战。

■ 不畏挑战的滑雪者

厄尔布鲁士峰是大高加索山群峰中的"龙头老大"，简称"厄峰"，也是博科沃伊山脉的最高峰。在地图上看，它像是"骑"在亚欧两大洲的洲界线上的"跨洲峰"。其实不然，整座山峰都落在巴尔卡尔共和国内，是欧洲的最高峰。

在很长的一段时间里，西方人一直把勃朗峰当作是欧洲最高峰。其实，当国际学术界达成共识的时候，即以高加索山系大高加索山脉的主脊作为亚欧两洲陆上分界线南段

的天然分界。从此，厄尔布鲁士峰才名正言顺地成为欧洲最高峰。而"厄尔布鲁士"的意思就是"高山""崇峰"。

不仅在高度上，就是在"形体"上，厄尔布鲁士峰也更加威严出众。它是火山长期连续喷发而形成的，也就是说，它是"火山之子"，并且还是双胞胎，一大一小、一高一矮，形成"双峰对峙"的态势。从远处观看，这位"双顶巨人"，巍巍而耸，凛凛而立，超凡脱俗，直逼霄汉，厚重中显示出威严。在山顶之上，冰雪终年覆盖，冰川自然下垂，形成一幅奇特的自然景观。

厄尔布鲁士峰集众多优点于一身，是上天赐予的财富，极具攀登价值和旅游价值。所以，长期以来，当地政府都给予高度重视，并着手进行基础建设，将这里开发为一个体育、运动、旅游各种设施兼备的登山活动基地、观光中心和滑雪运动中心。

在厄尔布鲁士峰的攀登历史上，最重要的一章莫过于第二次世界大战时期苏联和德

■ 美若童话世界的莫斯科

国为争夺厄尔布鲁士而展开的战斗。由于厄尔布鲁士峰是一处战略要地，因此苏联和德国进行了长时间的争夺战。德国先下手为强，迅速占领了高峰，并在峰顶稍下的一处地方建立临时基地，对苏联造成了严重威胁。为了夺回这处战略要地，苏联组织了多达 2000 人的高山部队，经过艰苦卓绝的战斗，最终打败了德国，重新夺回了这个战略制高点。

现在厄尔布鲁士峰每年都会吸引大量游客和登山探险者前来，已成为一处绝佳的登山、滑雪胜地。

沿途亮点

莫斯科
它是俄国的首都，也是一座著名的旅游城市。莫斯科的绿化面积很高，有"森林中的首都"之美誉。这里有举世闻名的克里姆林宫，气势雄伟。在城市里，随处可以看到别具风格的雕塑和纪念碑。在红场上，俄罗斯举行大型庆典或阅兵仪式。

圣彼得堡
俄罗斯的第二首都，被誉为"北方首都"，是除莫斯科之外的又一大政治、经济、文化中心。圣彼得堡同样是一座历史名城，这里有著名的大诗人普希金，列宁曾在这里举行十月革命。它还是世界上最大的科学和教育中心。

Tips

❶ 俄罗斯的商店一般都不讲价。
❷ 俄罗斯人喜欢饮酒和喝茶。
❸ 俄罗斯天气变化快速而猛烈，一定要带外套。
❹ 俄罗斯的过关效率很低，应耐心等待。

■ 圣彼得堡

地理位置：喀喇昆仑山脉中国与巴基斯坦交界处
探险指数：★★★★☆
探险内容：登山
危险因素：大雾、滚石、泥石流
最佳探险时间：7~9 月

乔戈里峰

攀登雪山王子

当雪山王子和冰山公主牵手恋爱时，天神愤怒了，他用神力拆散两人的爱情。于是，原本相连的两座山峰分开了，一座叫乔戈里峰，一座叫慕士塔格冰峰。乔戈里就是冰雪王子，一直在那里忠贞地守护着自己的爱情。

▪霞光下的乔戈里峰显得静谧、安逸

站在山顶，你会觉得山再巍峨，人也能把它征服，而此时的山正默默地向你展示，不远处它的伙伴比它更壮观。

人在山谷，常会感叹山高不可攀，而此时的山却悄然无声向你透露，很多人正从它的峰头悠然而下。不管多么高大险峻的山峰，总

▫ 鸟瞰乔戈里峰，云雾缭绕，独特的三角状，棱线是如此和谐

有人光临峰顶。

乔戈里峰海拔高度仅次于喜马拉雅山。因其高度在世界14座海拔8000米以上的山峰中列第二位，国外又称K2峰，是国际登山界公认的攀登难度较大的山峰之一。

慕士塔格冰峰，是举世闻名的冰山公主；乔格里峰，是举世无双的雪山王子。冰山公主和雪山王子相恋了，他们彼此拥抱在一起。凶恶的天神看到了，用神力把两座相连的山峰分开，活活拆散了热恋中的冰山公主和雪山王子。冰山公主思念雪山王子，留下泪水化成冰川，雪山王子历经千难万险也想要和冰山公主在一起。他们的举动感动了太阳神，太阳神利用神力把雪山王子化成一片彩霞，于是两位恋人再次拥抱在了一起。每当春秋两季，太阳下山之后，乔戈里峰上就会出现一片美丽的彩霞。

以上这则神话故事出自一位塔吉克老人之口。他还说，帕米尔的山雄伟、壮观、富饶，每座山都有着美好的名字和神奇的传说。

乔戈里峰不仅地势险要，而且气候恶劣，峰顶常年被浓雾笼罩，而且，在每年的5月

■ 绵延的雪山峰，裸露的石块静静地见证这一刻

至9月是乔戈里峰的雨季。此时，河水暴涨，人们难以入山。因此，最好选择在雨季到来之前进山。而登山则适合在夏季，因为此时好天气持续时间较长。

　　朦胧的远山，仿佛笼罩着一层轻纱，影影绰绰，在缥缈的云烟中忽远忽近，若即若离，就像是几笔淡墨，抹在蓝色的天边……

沿途亮点

棋盘千佛洞

传说古代一位公主被算命人测算为红颜薄命，皇后非常爱公主，想让算命人设法破解。算命人说，必须到山洞里居住，才能免灾。后来，这些洞窟又名"姑娘洞"。通过考古发现，这里是一处留存下来的佛教遗址。

哈斯哈吉甫陵墓

是一组具有维吾尔传统建筑艺术特色的建筑群。整个建筑群高低相间，主次分明，形成一个整体。它是新疆伊斯兰建筑中难得的精品，为后世所罕见，体现出古代维吾尔工匠的高超技艺和杰出才能。

Tips

❶ 山势陡峭，又有大雾，非常危险，应做好充足的物质和心理准备。

❷ 由于登山时间很长，需要做好后勤保障工作。

地理位置：加拿大奥伊特克国家公园
探险指数：★ ★ ★ ★ ★
探险内容：攀岩、爬山、高空速降
危险因素：崖陡、严寒
最佳探险时间：夏季

芒特索尔峰

北极峭壁

芒特索尔峰高高的崖壁如一道光滑的屏障矗立在雪峰云海之中……

攀登山峰时人们常有这样的感慨：在山脚下，会觉得此山实在是巍峨雄峻，高不可攀，为此看到那些从山峰上下来的人，会敬仰和崇拜他们。而一旦攀登上峰顶，你会释然，原来，不管山峰多么险峻高耸，只要有勇气，就是能够征服的。

芒特索尔峰高高的崖壁是攀岩爱好者心中的圣地，它如一道光滑的屏障矗立在雪峰云海之中。自发现这座山峰以后，就有无数人前来挑战，可是大部分人都失败了，甚至有些登山者在这里丧生，直到 1953 年才有一队来自美国的登山队爬上了峰顶。正是那些坚硬垂直的花岗岩使它难以被人们征服。一位成功登顶的攀岩专家描述了攀登芒特索尔峰的难度："攀登芒特索尔峰不仅仅是一件考验人的体力和意志的事，更是一项对人的反应能力的测验。光滑的花岗岩峭壁上，你经常会找不到任何落脚的地方，即使坚硬锐利的攀山锥要想插入那些花岗岩中也是十分困难的，那些忽然从山崖间刮来的大风，更是让人难以抵御，可能一不小心就会跌落下去，后果不堪设想。因此你在有充足体力的

■ 芒特索尔悬崖，是地球上最纯粹的垂直岩壁，也是攀岩者和野营爱好者最青睐的地方

■ 光洁细腻的冰雪盖在山坡上，两者宛若一体，浑然天成

情况下，还要考虑从这座光滑的岩壁的哪一部分开始攀爬，应该按着什么样的轨迹攀爬才能最大限度地节省体力，在哪里暂时停留才是最安全的，哪里才能让你受到大风的影响最小……"

的确，攀登芒特索尔峰需要的不仅仅是体力，还有智慧和经验，最先成功的探险者就是如此。他们来到芒特索尔峰最高的崖壁之下时，并未急着攀爬，而是精心地观测四周的风力、风向、崖壁的分布形势，最后在最能躲避寒风、坡度又相对缓和的地方取得了成功。这也给后来的攀岩者提供了很好的借鉴。

除了进行攀岩和悬垂速降活动，还可以在芒特索尔峰周围进行其他各种类型的探险，比如荒原穿越、冰河漂流，以及在各种地形中进行发现之旅……总之，在芒特索尔峰附近，你能享受到各种探险、旅游体验，这是个不可错过的旅游胜地。

沿途亮点

奥伊特克国家公园

在这片巨大的北极旷野上有像芒特索尔峰这样的高山、峭壁，有巨大的冰河峡谷，有稀疏的针叶林，有苔原、草地，有冰川、湖泊。可以说，所有可能出现在这个纬度上的地质形态，这里都具备了。

国家公园的海边地带更是美不胜收，广袤的泛着白浪的黑色大海，黄绿色的海边草地，美丽的沙滩……少了几分柔和，却多了几许粗犷和野性气息，和别处的海完全不同。

Tips

❶ 入冬后漫天飞雪，游客可以在此体验节庆活动以及各式各样的冬季运动。

❷ 奥伊特克国家公园完全免费。

❸ 芒特索尔峰是座很难征服的山峰，攀登过程中充满了危险，除非你有充足的经验和能力，否则谨慎尝试，安全第一。

地理位置：喜马拉雅山脉尼泊尔境内
探险指数：★★★★★
探险内容：攀山
危险因素：高寒、山势险峻
最佳探险时间：3、4 月

安纳普尔纳峰

★★★★★★★★★★★ 死亡山峰 ★★★★★★★★★★★

　　走在安纳普尔纳峰的险坡之上，一脚踩空就可能跌入那些被雪层覆盖的深不见底的冰缝之下，永远消失在冰雪之中。

■ 在此处徒步犹如漫步云端，完全是一种享受

　　安纳普尔纳峰坐落于喜马拉雅山脉南部的尼泊尔境内，是世界第十高峰，海拔达 8091 米。在这里分布着长达 48 千米的巍巍山脊，山脊上四峰突出，分别位于东西两侧。

　　人们征服安纳普尔纳峰经历了一个漫长而艰辛的过程，从 20 世纪初开始就有人想攀登上它的顶峰，但直到 1950 年才有一支埃尔佐率领的法国登山队成功登顶。此后，其他 3 座山峰也相继被人类踩在脚下：安纳普尔纳第四峰于 1955 年 5 月 30 日被比勒、施泰因梅茨和韦伦坎普攀抵顶峰；安纳普尔纳第二峰于1960年5月17日被罗伯茨率领的远征队攀登至顶峰；1970年，一支由妇女组成的日本登山队登上了安纳普尔纳第三峰，这距人类首次登上第一峰足足过去了20年时间。

然而，更让人对这座山峰印象深刻的是登山者们付出的惨痛代价，从1950年人类第一次登上安纳普尔纳峰之巅以后，又有数百人对其发起了挑战。据统计大约不到200人对其发起了冲刺，而在登山过程中60余人死于各种事故。如此高的死亡率让安纳普尔纳峰成为登山者们最大的挑战之一，甚至有人将其称为"死亡山峰"。

安纳普尔纳峰位于尼泊尔境内，这里已经是喜马拉雅山南部的最外侧，因此它更容易受到来自印度洋的暖湿气流的影响。温暖的气流带来充足的水汽，这些水汽在高海拔的山区凝结，形成厚厚的冰川和积雪。然而正因为这些地方靠近南部，所以和喜马拉雅山脉北部的那些高峰相比，这里的积雪、冰川更不稳定。攀登安纳普尔纳峰的人无不小心翼翼，在5000~8000米漫长的路途中，

■圣洁的雪山，象征着生命能够达到的圣洁与纯净

那些厚厚的冰雪都是致命的陷阱，一不小心就可能触发它们，也许不经意间踢落的一块碎冰，踩下的一团将要融化的雪都可能在下滚的过程中不断积累，带动周围松软的雪层一起滑落，引起一场山崩地裂般的雪崩。而在安纳普尔纳峰那陡峭光滑的攀登道路上遇到雪崩，几乎就意味着死亡，登山者没有时间逃亡，也没有地点躲避，被埋入厚厚的积雪中，被冲下万丈深渊，成了很多攀山勇士的悲惨结局。

除了雪崩之外，那些冰川上出现的巨大裂缝也是令人防不胜防的陷阱，在其他高山之上，一般气候干燥严寒，很少有大量降雪，即使有降雪也被大风吹散或是很快冻结成冰，在这里这些降雪只会堆积成厚厚的一层，却没有冰层那么坚硬。冒险者不得不在前行的道路上小心翼翼，唯恐一脚踩空就跌入那些深不见底的冰缝之中。

除了攀登顶峰的极限冒险，安纳普尔纳峰周围也可以进行穿越、漂流等旅游探险项目。在高峰的脚下，有极其壮丽的自然景观。这里生物物种及文化遗址极为多样，拥有9个特色各异的部落群。在安纳普尔纳峰和道拉格里峰之间有深深的河谷，河谷中水流湍急，巨石壁立，是进行漂流探险的极佳场所；这里极端复杂的气候和地形造就了生物群落的多样性，很多珍稀的动物生活在山下的草原、丛林之中；这里雨季较短，空气净朗，是徒步登山旅游的最佳场所之一。

环绕安纳普尔纳山的徒步旅行自从1977年对外国游客开放以来，已经成为尼泊尔国内最受人欢迎的徒步旅行线路之一。近20年来，每年约7万名生态旅游者到此旅游。登安纳普尔纳峰是典型的远途行山，共有350多千米的路途，难度不大。除了安纳普

□ 在任何时候，从任何角度你都可以感受到费娃湖的宁静，躺在岸边或小船里，享受这份旖旎的湖光山色

尔纳山脉的 4 个峰顶外，此行还可观望道拉格里峰以及数不胜数的山巅，景色引人入胜，变化多端。

尼泊尔政府十分重视安纳普尔纳峰附近的旅游事业，在此开发了多个徒步线路，长的线路需要行进十几天，短的仅仅 3、4 天就足够了。这些线路的难易程度各不相同，适合各种旅游者。在徒步过程中，游人会遇到广阔的山间草地，稀草覆盖着山坡如同片片绿毯，密草、灌木丛生于谷底，有些地方植物高度没头，旅行者进入之后如同进入迷宫。那些从高山上流下的溪水十分清澈，带着丝丝凉意，有些地方的溪水可以直接饮用，味道甘凉清新堪比矿泉水。那些山麓的树林中，古老的树木不知长了多少年，它们扭曲着身体，斑驳的树皮上长满苔藓、地衣，如同被施了魔法般怪异。在那些小山之上，早晚可以看到雪峰被阳光照射而呈现出迷人的"金山"景象，夜里远望山下村镇中群灯点点和天上的星星连成一片。

安纳普尔纳峰处处都是美景，无论你想寻找闲适安静，还是想追逐惊险刺激，都可以在这里实现自己的目标。

沿途亮点

博卡拉

在喜马拉雅山南坡山麓博卡拉河谷上，有一个乡村小城，名字叫博卡拉。这里有与众不同的景色，美丽的费瓦湖倒映着白雪皑皑的安纳普尔纳山脉，与你随行，湖边酒吧里不时传来动人的音符，让人动心。湖心的瓦拉西印度教寺庙虽然比不上加德满都的寺庙辉煌，但足够古老。你还可以骑上一辆单车游览博卡拉老城，经过小店、寺庙，满满的都是宗教风情。

Tips

❶ 安纳普尔纳峰地区气候多变，攀登前应重点关注天气预报，最好将攀登季节选在 3、4 月间，此时春天刚到，阳光和煦，恶劣天气相对较少。
❷ 徒步途中可雇用背夫，但须事先谈好价格。
❸ 山区下面气温很高，30℃十分常见，但在海拔升高以后温度会陡然下降，游人应准备好薄厚不同的衣物，以备随时替换。

□ 登山的旅行者

地理位置：中国云南省
探险指数：★ ★ ★ ★ ★
探险内容：攀山、山地穿越
危险因素：雪崩、冰崩
最佳探险时间：10月至次年5月

梅里雪山

★ ★ ★ ★ ★ ★ ★ ★ ★ ★ ★ 朝山者的圣殿 ★ ★ ★ ★ ★ ★ ★ ★ ★ ★ ★

成百上千巨大的冰体轰然崩塌，响声如雷，地动山摇，令人惊心动魄。

■ 梅里雪山山顶周身被雪覆盖，凸显一种自然美

梅里雪山又称太子雪山，雪山中平均海拔在 6000 米以上的高峰共有 13 座，被称为"太子十三峰"，主峰卡瓦格博峰海拔高度达 6740 米，是云南第一高峰。梅里雪山是藏族传说中的圣山，尤其是主峰卡瓦格博峰，在藏语中它的名字有"白色雪山"之意，俗称"雪山之神"，列于藏传佛教"八大神山"之首。

藏族传说中，卡瓦格博峰原是九头十八臂的煞神，在松赞干布时期，是当地一座无恶不作的妖山。密宗祖师莲花生大师历经八大劫难，祛除一切苦痛，最终收服了卡瓦格

博山神。从此它受居士戒，改邪归正，皈依佛门，做了千佛之子格萨尔麾下一员剽悍的神将、附近地区的守护神，一直是青海、甘肃、西藏及川滇藏区众生绕匝朝拜的圣地。如今在附近的藏族居民家中，卡瓦格博神像常常被供奉在神坛之上，他身骑白马，手持长剑，威风凛凛。

梅里雪山除有卡瓦格博峰，还有许多著名的山峰，如布迥松阶吾学峰、玛兵扎拉旺堆峰、粗归腊卡峰、说拉赞归面布峰等。不过这些山峰都不如山势清秀的面茨姆峰，传说面茨姆峰是大海神女，与卡瓦格博峰是夫妻，因此它们紧紧相依。不过关于面茨姆峰的传说，还有另一个版本：玉龙雪山有一个女儿，名为面茨姆，相貌极为俊美，但谁也没有见识过她的真面容，这是因为面茨姆总是罩着面纱的缘故。时至今日，面茨姆峰依然常年被云雾缭绕，让人看不清它的真实面貌。玉龙雪山看中雄伟的卡瓦格博，于是便把心爱的女儿面茨姆许配给他为妻。只是面茨姆太思念家乡，因此总是翘首眺望家乡的方向。面茨姆峰北面有 5 座扁平的山峰，平均海拔

为 5770 米,这 5 座山峰被世人称为"五佛
之冠",它们拥有一个名字:吉娃仁安峰。在
吉娃仁安峰和卡瓦格博峰之间,是布迥松阶
吾学峰。传说它是面茨姆和卡瓦格博的儿子,
而玛兵扎拉旺堆峰则是玉龙雪山派来守护女
儿一家的守护神,又称"无敌降魔战神"。

梅里雪山的高峰之上覆盖着上千条冰川,
其中最有名的是明永、斯农、纽巴和浓松 4
条大冰川,它们都属世界稀有的低纬、低温、
低海拔的现代冰川,其中最长、最大的冰川
是明永冰川。明永冰川从梅里雪山往下呈弧
形一直铺展到海拔 2600 米左右的原始森林
地带,绵延达 10 多千米,平均宽度 500 米,
是中国纬度最南、冰舌下延最低的现代冰川。
每当骄阳当空,雪山温度上升,冰川受热融
化,成百上千块巨大的冰体轰然崩塌下移,
响声如雷,地动山摇,惊心动魄。

卡瓦格博峰分为两种形态,上面覆盖厚
厚的冰雪,雪线以下是繁茂的植物。这些植
物包括针叶林和各种高山灌木。它们有充足
的水源,所以长势极好,苍翠葱茏,与雪的
洁白相映成趣。而林间的山坡和高原草甸,
便是当地人引以为傲的"聚宝盆"。这个盆里
有各种动物,如小熊猫、马鹿、獐子、山鸡
等,更有多种珍贵药材如贝母、虫草等。

神奇壮观的雨崩瀑布位于卡瓦格博峰南
侧,千米之高的悬崖顶上,水流一路扑下来,
那汹涌的气势足以让所有人为之心惊和叫好。
瀑布的水流都是峰顶的雪融化而成,清澈透
明,晶莹纯净,冲进潭里,又溅起阵阵水花,
气雾也袅袅腾起,倘若有阳光穿过,便会映
出阵阵彩虹,美丽至极。朝山者将雨崩瀑布
视为圣灵之水,他们觉得只要被雨崩的水淋
洒上,便求得了吉祥。

雪域高原有四宝:野生动物、奇花异草、

■ 雪山下汉白玉雕成的 3 座白塔直指苍穹

莽莽丛林、高原湖泊。其中,高原湖泊又被
视为雪域高原的灵魂。它们散落在雪峰和林
海之间,漫山遍野。高原湖泊是纯净的,没
有任何污染;而高原湖泊也是神秘的,因为
它们大多有"呼风唤雨"的神奇功效。当地
人认为这是神灵护佑高原的原因,因此禁止
人们在湖泊边高声喧哗。所以凡是路过高山
湖泊的人,都收敛声息,生怕惊扰了神灵们。
卡瓦格博峰还有一种独特的风景:卡瓦格博
峰哈达。每到春秋之际,在卡瓦格博峰的针
叶地带,会出现一条环绕山峰的白云缎带,
像是给山峰戴上一条洁白的哈达。最为奇特
的是,随着太阳高升,白云也会慢慢升高,
最后落在峰顶,像是一把白伞给卡瓦格博遮
阴。不过,这种奇特的景致,据说只有有缘
人才能看到。

梅里雪山卡瓦格博峰的高耸挺拔之美以
及在宗教中的崇高而神圣的地位吸引了无数
的中外旅游者和登山者。然而,从 20 世纪
初至今的历次大规模登山活动无不是以失败
告终。1991 年,中日联合登山队对主峰发起
了冲击,他们从三号营地出发冲顶,上升至

■ 梅里雪山山尖宛如鹰嘴，两侧巨大的岩石如同鹰的两翼，整个山峰宛如欲飞的雄鹰

海拔 6400 米时天气突然变得恶劣起来，只好下撤准备第二天继续冲顶。然而当晚在队员与大本营结束了最后一次语音联系后遭遇了大规模雪崩，队员全部遇难，长眠在了卡瓦格博。

美丽的梅里雪山，至今仍然没人登顶。也许它本来就不该被人踩在脚下，不过这丝毫不会影响人们前来旅游，仅仅是在山下的丛林、峡谷中探险就足以让人感受它的神圣、与美丽了。

修建，可供登山队在此休整队伍、补充能量，是所有探险者和游客们必到的一个地方。卡瓦格博上的雪融化后流到这里，使得这里绿草茵茵、繁花似锦。在大本营，面对着雪山，欣赏着美景，怀念登山的英雄，思索人生的得失，别有一番滋味。

雨崩村

雨崩村位于梅里雪山东麓，四面群山环绕，交通极为不便，自古只有一条驿道连通外界，只有二十几户人家在此居住，民风淳朴，与世无争。步行其中，有"世外桃源"之感。植被茂密，在一些老树的树干上有时还生长着其他的植物，形成"五树同根"的奇观。

沿途亮点

飞来寺烧香台

飞来寺正对主峰卡瓦格博，是观赏梅里雪山美景的绝佳位置。烧香台地势高耸，是观赏梅里雪山日出和日落的最佳位置。日出之时，阳光照耀着雪山峰顶，金灿灿的，形成日照金山的奇景；日落之时，柔和的光芒洒下，雪山在光线的笼罩之下，静谧安详。

笑农大本营

笑农大本营是攀登卡瓦格博的大本营，由中日登山队联合

Tips

❶ 自 1996 年后，国家明令禁止攀登梅里雪山。不过游人依然可以在山下的森林、峡谷、冰川附近进行穿越、徒步探险。

❷ 梅里雪山是藏区的神山，应尊重当地的风俗习惯和宗教信仰。

❸ 准备防水保暖的衣服、防滑防水的徒步鞋，如果有可能，一支登山杖可以让你的徒步轻松很多，并在下坡时保护你的膝关节。

地理位置：南极洲
探险指数：★★★★★
探险内容：冰原穿越、攀山
危险因素：寒冷、巨大的冰缝
最佳探险时间：11月至次年3月

文森峰

冰原上的王座

文森峰下的飓风将拳头大的冰块扬到风中，如暴雨般四处坠落，阻挡着探险者前进的道路……

▫ 文森峰山势险峻，且大部分终年被冰雪覆盖，交通困难，被称为"死亡地带"

世界上难攀的山峰很多，其中最著名的当属七大洲的最高峰，即北美洲海拔5193米的麦金利山，南美洲海拔6960米的阿空加瓜山，亚洲海拔8848米的珠穆朗玛峰，欧洲海拔5642米的厄尔布鲁士峰，非洲海拔5895米的乞力马扎罗山，大洋洲海拔5030米的查亚峰以及南极洲海拔5140米的文森峰。在这些山峰中，文森

■ 沐浴在日光下的文森峰

峰不是最高的，也不是最险的，但因为其在严寒陌生的南美大陆之上，而成为最后才被人类登顶的大洲最高峰，也成为所有攀山者心中的一块胜地，只有那些人类中的出类拔萃者才能得到它的青睐。

文森峰是埃尔沃斯山脉的主峰。山脉中怪石嶙峋，奇峰突兀，气度非凡，而文森峰更是山势险峻，且大部分终年被冰雪覆盖，交通困难，即使最"炎热"的夏季，气温也经常达到零下三四十摄氏度。这里到处都是皑皑的冰雪，看不到一点儿生命的迹象，时时狂风肆虐，飓风将拳头大的冰块扬到风中，如暴雨般四处坠落、撞击。到过埃尔沃斯山脉探险的人，都称这里是最难攀登的七大洲最高峰。登上文森峰甚至比攀登珠穆朗玛峰、麦金利山还要困难得多，它不仅仅要求攀登者具有充足的勇气、体力、毅力，更要求探险者拥有足够的极地生存经验来对付极度的低温和大风。早期很多探险家都曾想征服这座冰原上的王座，但他们都失败了，更有很多著名的登山者永远消失在了南极的茫茫冰雪之中，人们一度将攀登文森峰视为不可能

实现的幻想，它的周围也被人称为"死亡地带"。

但随着科学技术的发展，攀登文森峰变得不再那么困难，文森峰的高寒、风暴在现代材料制成的保暖衣物、帐篷面前也不再那么可怕了。尤其是现代的交通工具——最突出的是直升机的使用，使人们不必在冲向高峰之前，再在冰天雪地中跋涉数十天到达它的脚下，这样人们也就能有更多的体力来征服这座山峰了。因此，自从1966年12月17日，美国登山队在领队尼古拉斯·克里奇的带领下首次登顶该峰以来，已经有上百登山者成功登上了文森峰的顶峰，其中有很多中国的勇士。

在登顶的中国人中最早、最著名的是探险家王勇峰与其搭档李致新。1988年12月2日，他们成功登上了文森峰之顶，成为世界上登顶文森峰的第18、19人。值得一提的是，他们第一次登上了文森峰的第二峰，了解线路后又直接登上了文森峰主峰，成为最短时间内连续攀登文森峰主峰和第二峰的登山者。

如今，直升机可以载着登山者直接到达高峰下的冰原之上，从这里仰望，上百米高的谷地出现在面前，上面结满了厚厚的冰雪，这些积久不化的雪十分坚硬，整座山仿佛一道巨大的堤坝，亘立在人们面前，但它和背后巍峨高大的文森峰相比，就成了一道低矮的门槛。几千米长的冰瀑布从一道山脉缺口间泻下，仿佛从天间流下来的银河。人在这广袤磅礴的大自然中显得微不足道，如同白色海洋中漂浮的一片小小枯叶。露出白雪的冷峻的岩石，透出丝丝寒气，让整个大山都充满了冷峻、严肃的景象。天地间都是白色的，让它们看起来仿佛就在眼前，但其实很远，如果想接近那些岩石，必须在坡度为三四十度的冰上爬行上千米。

英国著名探险家斯科特遇难前在日记中这样描述南极的严寒、风暴："我们无法忍受这可怕的寒冷，也无法走出这帐篷。假如我们走出去，那么暴风雪一定会把我们卷走并埋葬。"即使仅在海拔2000米的登山大本营冰原上，酷寒已经让很多人生畏了。探险者们不得不在雪地上挖出雪洞，把帐篷搭在雪洞里，将所有的食品和装备都放在雪洞里，以防被暴风雪卷走。他们需要融化冻了不知多少年的冰当作水源，在寒冷的时候，吃饭都成问题，有时碗里的饭还没有吃完就已经结了冰。有时一不小心，舌头就被金属勺子粘住，一撤便撕掉一层皮。剧烈的暴风雪，常常将帐篷刮倒，探险家不得不屡屡为固定帐篷而在狂风暴雪中奋斗。

然而，和真正的危险比起来，山下的困难都算不上什么，那些坡度为六七十度的冰壁、深不见底的冰缝、悬崖才是探险者的噩梦。山上巨大的风，发出疯狂的吼叫，人在它们面前是那么脆弱，那么渺小，一不小心

就将被卷下万丈深渊，几十年来已经有数十人丧生在这些冰缝、悬崖之中，但也正是这危险、苦难赋予了文森峰不尽的魅力，使它成为登山者心中的"冰原王座"。

沿途亮点

半月岛

半月岛外形酷似一弯新月，是南极的最佳观景点。站在半月岛眺望，可以看到南极最美丽的景色。而且半月岛还是南极企鹅的栖息地，在那锯齿形的悬崖和岩壁下，有数不清的企鹅，大大小小，环肥燕瘦，无论你喜欢什么样的企鹅，都能在这里看到。还有许多空中飞来飞去的鸟儿，黑背鸥、南极海鸟、燕鸥等，它们与企鹅构成半月岛最灵动的景致。

纳克海港

在南极为数不多的登陆点里，纳克海港最大气，也最壮丽。它坐落在安沃尔湾里，周围环布冰川，冰川的瑰丽与巍峨的安沃尔湾交相辉映，让人仿佛置身世外仙境。在这仙境里，还有一个个精灵：巴布亚企鹅。它们并不怕人，因此无论你是走，还是坐下来，巴布亚企鹅都会慢慢靠近你，然后与你一起欣赏眼前的美景。

Tips

❶ 南极最好的探险时间在每年的11月下旬至次年的3月上旬，期间这里将会出现极昼，风暴天气也较少。

❷ 攀登文森峰顶部那些刀脊般的山脊十分困难，尤其在刮风时，一不小心就会被身边的悬崖峭壁吞没，游人如果想登上山顶，需要优秀的团队配合。

■ 半月岛上生活安逸的企鹅

第五章

荒岛求生

岛屿就如镶嵌在大海上的明珠,

它们闪耀着不同的光芒。

四面环水的地形,

让探险者无处可逃。

与世隔绝的差异,

或许孕育着不同的物种。

神秘的岛屿上,

有时会遗落一些宝藏。

带上装备,

踏上搜寻宝藏之旅吧。

左图:格陵兰上空偶尔会出现色彩绚丽的北极光,它时而如五彩缤纷的焰火喷射天空,时而如手执彩绸的仙女翩翩起舞,给格陵兰的夜空带来一派生气

地理位置：哥斯达黎加西岸
探险指数：★ ★ ★ ☆ ☆
探险内容：攀岩、蹦极
危险因素：山路陡峭
最佳探险时间：全年

可可岛

★ ★ ★ ★ ★ ★ ★ ★ ★ ★ ★ 海盗的藏宝地 ★ ★ ★ ★ ★ ★ ★ ★ ★ ★

可可岛附近的海域是航海家的噩梦，翻滚的海水、密密麻麻的暗礁、多变的气候令无数想在这里停歇的船只触礁沉没。

◘ 透过清澈的水面可以看到海底的礁石

在距离哥斯达黎加西海岸大约 550 千米的大洋中，有一座孤零零的小岛，这座小岛大致呈矩形，面积仅有 23.85 平方千米，却是世界上最著名的小岛之一，这就是可可岛。没有人在可可岛上长期居住过，因此茂密的岛屿丛林中成了鹿、野猪、野猫和老鼠的天堂。

可可岛的周围暗礁林立，岛屿东部有高达 180 米的悬崖峭壁，如屏障般立在滔滔海水之中。在 18 世纪以前，可可岛附近的海域成了航海家的噩梦，翻滚的海水、密密麻麻的暗礁、多变的气候令无数想在这里停歇的船只沉没。正是因为这样，被暗礁、峭壁围绕的可可岛易守难攻，成为海盗们的秘密基地。

1821 年以前，利马是南美洲西班牙殖民活动的中心。当秘鲁民族英雄玻里瓦尔领导的革命军即将攻入利马，利马的西班牙贵族们惶惶如丧家之犬，于是将掠夺的金条银砖、财宝玉器搬到"玛丽"号双桅船上，准备运往西班牙。这艘船属于爱尔兰船长汤普森，当时西班牙的军舰、运输船只大多被革命军击沉，西班牙人不得不雇用一艘私人运输船只。但面对如此多的金银珠宝，船长汤普森和他的手下们财迷心窍，遂生邪念，半路上把西班牙人全部杀死，私吞了全部宝藏，据传他们将这些宝藏藏在可可岛的一处山洞内。

而后，汤普森和他的水手干脆做了海盗，但他们杀死西班牙总督、私吞宝藏的事很快暴露了。西班牙派出了大批军舰来寻找他们的下落，这些海盗最终全部被海军抓住。在严刑之下他们交代了所犯下的罪行，但宝藏的埋藏地点只有汤普森船长一个人知道，他想和西班牙人做个交易，用那些财宝换取他和他手下水手们的性命，但愤怒的西班牙人毫不犹豫地拒绝了。他们早已查明，汤普森船长的秘密基地就在可可岛上，那么一个小岛，藏着如此巨大的一批宝藏，西班牙人完全相信无论海盗们交代还是不交代，凭借自己的力量就可以找到宝藏。

第一次见到蝠鲼的人总会因它外表的"异形"而不知所措

在1844年西班牙人处决了所有海盗。也许是不甘心那么多宝藏永远被埋藏在山洞中，汤普森船长在死前留下了一张藏宝图。图中暗示，财宝就藏在可可岛上，夕阳西照下有一座陡峰会映出一只鹰的影子，财宝即藏于鹰影与夕阳中间的一个有十字架标志的洞穴中。

西班牙人在处决这些海盗后不久就对可可岛进行了大规模的搜查，他们砍伐树木，挖掘所有可能埋藏大量物品的沙滩，甚至潜入附近的水下搜寻，但找了几年都一无所获。

他们既没有找到财宝，也没有找到汤普森船长的藏宝图上标示的鹰影和十字架的一丝痕迹。但可可岛上藏着大量宝藏的消息却不胫而走，被世界各处的探险家、寻宝者们得知。

有资料表明，汤普森将宝藏藏在可可岛上，但这只是一个代代相传的传说，没有人知道宝藏究竟藏在哪里。但也正因为如此，可可岛才会笼罩上浓重的神秘色彩。有近千支淘宝队登上岛屿，试图寻得宝藏，但最后都空手而归。更有无数的探险者费尽心思和精力，走遍岛上的每一个角落，想要破解宝

海滩上散乱的岩石有一种凌乱美

■ 海浪拍打在海滩上，激起层层水花，美不胜收

藏之谜。到 1978 年，探寻宝藏之风愈演愈烈，给岛上居民的生活造成了很大的困扰，于是哥斯达黎加政府颁布禁令，封闭可可岛，禁止探寻宝藏。

不过，可可岛的风景十分优美，于是政府又出资兴建旅游设施，并成立可可岛国家公园。岛上有健全完备的旅游路线，游玩十分方便。顺着路线走下去，你会发现整座岛都覆盖在常绿阔叶林木之下，仿佛行走在一座热带雨林里一样。而且沿途可观赏到世界上最优质的沙滩、海水和蓝天，大海边有瀑布从山上冲下，气势恢宏。除此之外，还可以看到各种芬芳繁茂的奇花异草，极具异域风情。可可岛是让人自然放松的天堂。

同时，作为太平洋东岸唯一的热带雨林岛，这里也成为世界各地尤其是美洲探险家们的丛林、岛屿探险胜地。每年都有成千上万的探险者来到这个小岛上，在那些浓密的雨林间寻找刺激，寻找是否有传说中的汤普森的藏宝图上的标志，或是雨林中是否有远古生物——很多人相信，《侏罗纪公园》里的伊斯拉·纳布拉尔岛原型就是可可岛。除了穿越雨林，那些临海的悬崖成了速降、蹦极等运动的极佳场所。从 100 多米高的悬崖上自由落下，在海面上掠过，看着海中的倒影忽然迎面而来，又呼啸着远去，想想就让人心动。此外，冲浪、潜水在可可岛都是非常受欢迎的运动。

作为一处探险胜地，可可岛绝对不会让任何人失望！

沿途亮点

蝠鲼

有着"水下魔鬼"之称的独特动物，它们因在海中优雅飘逸的游姿与夜空中飞行的蝙蝠相似而得名"蝠鲼"。蝠鲼虽然体型庞大，却从来不会主动攻击人类，反而会与潜水的人近距离接触。巨大的蝠鲼特别像一个憨厚老实又有点儿淘气的小孩子，潜水的游客可以放心地用手去抚摸它们的身体，与它相处得其乐融融。

Tips

❶ 旅游者在可可岛上停留时间不得超过 12 天，每个旅游者必须在岛上缴纳 15 美元 / 天的税金。

❷ 哥斯达黎加的官方语言是西班牙语，沟通起来有一定困难，所以有一个懂汉语或英语的翻译十分重要。

❸ 可可岛附近全年温度为 20～30℃，温度非常舒爽。哥斯达黎加紫外线强，不想晒黑的游人，防晒霜是必备品。

地理位置：缅甸孟加拉湾东岸
探险指数：★ ★ ★ ☆ ☆
探险内容：穿越鳄鱼出没的红树林
危险因素：鳄鱼
最佳探险时间：全年

兰里岛

★ ★ ★ ★ ★ ★ ★ ★ ★ **鳄鱼沼泽** ★ ★ ★ ★ ★ ★ ★ ★ ★

这里有美丽的沙滩，也有神秘的沼泽；有清风碧浪，也有嗜血猛兽……

▫ 鳄鱼正张开巨口，舒舒服服地晒太阳

提到兰里岛的名字，很多人可能不知道，但喜欢历史、探险的人一定听到过"鳄鱼岛"这个地方，这就是兰里岛。这座岛屿位于孟加拉湾东岸，隶属于缅甸若开邦，是缅甸第一大岛，总面积达到1350平方千米。兰里岛最近处离大陆仅30千米左右，岛上遍布红树林沼泽，这些沼泽是鳄鱼们的天堂，据统计鳄鱼的总数量达上万头。

■ 远山朦胧，倒映水中，如山水画般清秀

提到兰里岛，不得不提到那次著名的战役"兰里岛之战"，也有人称其为"鳄鱼岛之战"。战役就发生在1945年2月19日，当时，英国舰队正在孟加拉湾海域巡逻，恰巧截击了准备撤回的日本舰队。双方一触即发，日军不敌，乘船而逃，遂登上了附近的兰里岛，英军紧追不舍，两军在兰里岛进行了一场激战，持续到傍晚依然胜负难分。

双方停战后，英军用舰队封锁了兰里岛。虽然英军实力远胜日军，但仍没有一丝懈怠。天色已晚，各舰的指挥官正在研究制订第二天的作战方案时，执勤人员突然报告说，岛上传来了日军的枪声，并夹杂着嘶吼声。排除一切可能后，英军派出一艘小艇前去查明情况。

直到第二天早上，形色惊恐的侦察员回来报告说，日军已被消灭。于是英国军队登岛看个究竟，他们惊恐地发现，兰里岛像被鲜血染过一样，被鳄鱼撕扯过的日军尸体遍地都是，其中还混杂着上百只被枪击毙的鳄

鱼，场面血腥，难以入目。20余名幸存者在被英军找到时，早已经被吓得神情恍惚，精神崩溃。

为什么日军白天登陆兰里岛时却没有发现鳄鱼？因为当时双方交战，炮火轰鸣，鳄鱼藏在水中，不敢上岸。就在天黑潮退时，经过恶战准备休息的日军却没有料到，伤口的血腥味吸引来了大批嗜血的鳄鱼，面对鳄鱼凶猛突袭，疲惫的日军和它们展开了厮杀，但仍未逃过这场浩劫，几乎全军覆没，900多人葬身鳄鱼腹中。

后来，据那些幸存的日本战俘回忆，日军在和英军战斗后，既绝望又疲惫，除了少数哨兵，大多数人在树林、灌木之间找到一块较为干燥的地方就倒地而睡。半夜时，他们忽然听到哨兵的呐喊，其间夹杂着呼号声，日军以为英军前来偷袭，立刻准备战斗，但他们惊奇地发现，敌人居然是一群群巨大的鳄鱼，长达数米的凶残猎手源源不断地从水中爬出来，趁着黑暗向日军阵地扑来，巨大的身体坚硬如盔甲，机枪扫射都很难杀死一条，更何况在黑暗中，日军根本看不清它们在哪就被扑倒、咬碎。最后很多经历过血战的军人都绝望了，他们用手枪结束了自己的生命，或是抱着手榴弹和扑上来的鳄鱼们同归于尽。黑暗中到处都是痛苦的呻吟，绝望的呼喊，刺耳的撕裂声和骨头在鳄鱼口中折断的咔嚓声……

如今，那场事件已经过去了几十年，兰里岛也变成了著名的旅游探险胜地，但鳄鱼们还是岛上最重要的居民。据说那些红树林沼泽中，平均几米远就有一条巨大的鳄鱼，有时向水中抛出一条鱼，立刻会从看似平静的水面下冲出十来张长满利齿的巨口，让人不寒而栗。但正因为这样，从兰里岛上穿越是最能

■ 树木坚实地扎入水中，凌乱的侧根正努力地吸取养分

考验人的应变力和勇气的一项探险活动。

　　当然，除了那些危险的鳄鱼，兰里岛上也有很多优美的风景，尤其是在岛屿东南侧的居民点附近，柔和的沙滩、美丽的椰树、光洁的大礁石、清风轻浪取代了布满鳄鱼的红树林沼泽。游人可以在这里享受美丽的阳光，可以进行各种沙滩运动，可以在海风中冲浪，可以在世外桃源般的缅甸小镇中观赏当地歌舞，品尝传统的东南亚美食。走在椰林之中，清风拂面，耳边充盈着寺庙里传来的梵音，看着天真无邪的渔村小孩子在沙滩上嬉戏、追逐，你会不由得发出感慨：缅甸这个战火频起的国家，"鳄鱼岛"这个令世界探险者都心惊的岛屿，竟会有如此安静祥和的地方，竟会有如此美丽悠闲的一面。

沿途亮点

若开遗址
同为文明古国，其他很多地方都已经变成了遗址，但若开

邦不同，它不只是有着重要的历史性，更具备哺育人们的功能，人们依然在这里悠闲地生活着。而若开邦王国成了废墟，完全是因为王朝的没落和天气太过恶劣所致。若开邦的文明在那6000多座寺庙里，但随着王国的毁灭，多数寺庙也逐渐消失，只剩下700座寺庙和宝塔还保存完好，里面的收藏品是古时候当地的牧民和农民的生活缩影。

额布里海滩
若开海岸依山傍水，风景十分优美，更兼阳光充足，气候宜人，是理想的天然浴场和避暑胜地。其中以丹兑的额布里海滩尤负盛名。

Tips

❶ 若开海岸是理想的天然浴场和避暑胜地，到兰里岛探险不可错过对岸的美景。

❷ 在穿越鳄鱼遍布的红树林时，不可轻易去招惹那些庞然大物，它们反应十分灵敏，短距离爬行速度快，不要挑逗、戏弄它们，以免受到伤害。

❸ 岛上医疗设施简单，游人旅行时最好携带常用药品，如止泻药、退烧药、消炎药等。

地理位置：夏威夷

探险指数：★ ★ ★ ☆ ☆

探险内容：攀爬火山、丛林穿越

危险因素：毒蛇、火山

最佳探险时间：12月至次年4月

毛伊岛

彩色火山口

庞大的休眠火山口是一个彩虹色的坑穴，由于视错觉似乎每分钟都在改变颜色。

▫ 鲸鱼从腾空跃起到以几十吨重的身体钻入水面，顺势掀起大片的白色浪花，整个过程犹如一次绝美的水上芭蕾舞演出

每个探险胜地都有它独特的魅力，巍峨的高山、湍急的水流、茂密的丛林、无垠的草原、广袤的戈壁沙漠……很多人在世界各地奔波，只是为了寻找不同的刺激，感受大自然各具特色的面孔。然而，夏威夷的毛伊岛，却是个聚集多种景观，可以进行多种探险内容的旅游胜地。在这里，你能找到巍峨的山峰，在攀爬中体会身临白云上，一览众山小的豪情；你能在那些茂密的热带雨林中穿越，感受生命的怒放；你能潜入长满珊瑚的大海之中，观赏另一片美丽的世界；你能在宽广的山间沙漠戈壁间骑马奔行，在运动中得到挥洒生命的激情；你能看到山崖上泻下的白练般的瀑布，而不远处就是洁净的沙滩；你能发现美丽的16世纪小镇，能看到鲸鱼们在落日的余晖中跃出水面……

毛伊岛是夏威夷群岛中的第二大岛，这里气候宜人，景色优美。岛屿总面积1886平方千米，居住着6万多人，既有近代、现代的文明，也能看到原居民古老的风俗遗韵。

毛伊岛西北方向，有一个16世纪修建的捕鲸基地，名为捕鲸镇。如今捕鲸的行为已经禁止，小镇也变成毛伊岛的历史和商业中心。虽然功能变了，但镇上的建筑没变，依然保持建成时的风貌：整齐的木屋矮小却富有古朴的韵味。行走在这些小木屋之间，仿佛回到那个以捕杀鲸鱼为生的时代。捕鲸镇上有一个码头，是眺望鲸鱼的最佳地点。

在小镇上的众多建筑中，那栋木质二层

🔲 夏威夷亮丽热烈的海岛风光，鲜艳浓郁

楼饭店最原汁原味，因为它无论是外形和内部摆设，都一直保持百年前的风貌。镇上还有一所致公堂，这所建筑处处流露出中国风韵来，原来它是很早以前中国移民所建。而 Baldwin 牧师的住所则有浓郁的个人特色。镇上的交通工具是一种红色的双层巴士，乘坐这种巴士是免费的，它会载着你来往穿梭于小镇和车站之间。车站通往北边的卡阿纳帕利，是古老的蒸汽火车，这种交通工具在旅游业开发之前，只用来运输岛上的甘蔗。

到毛伊岛旅游，有一个地方一定要去，那就是哈莱阿卡拉火山口。海拔 3055 米的火山是毛伊岛的制高点，无论在岛上的哪个角落都能看到它。岛上有公路直通山顶，可租车前往。到了山顶，你会发现山顶上有着数不清的火山口，那些火山口张着"大嘴"，仿佛让人置身于陨石坑遍布的月球之上。而那个最庞大的休眠火山口五颜六色，好像每分钟都在变换颜色一样。在毛伊岛流传着一个美丽的传说：相传半人半神站在火山顶上，趁太阳越过头顶时，将它用绳索套住，让它慢慢西斜，以此延长白天的时间，因此有巨大功劳的火山便命名为"哈莱阿卡拉"，夏威夷语中为"太阳之屋"的意思。哈莱阿卡拉现在已经建成占地面积 120 平方千米的火山公园，公园里的自然生态环境十分丰富，有辽阔的沙漠，苍翠的密林，高耸的山顶，无

🔲 毛伊岛是冲浪者的好去处

■ 这一片蔚蓝的海域在阳光的照射下光芒万丈

论你置身于公园的哪个角落，都能得到最极致的享受。哈莱阿卡拉公园有游客中心，游客们会早早来到这里，因为火山是观赏日出的最佳地段，在这里，你将体验到一次终生难忘的观日出经历：海面上、云层里，太阳或小步慢移，或轻身跳跃，或淘气潜伏，然后在众人热切期盼的目光中，飞跃出来，把万丈光芒洒在岛上，洒在海面上。在火山顶看日出，每天都有不一样的景致，十分美妙。日落也是如此。如果有幸的话，还能看到鲸鱼跃出海面的奇观。

毛伊岛的温差比较大，火山海拔较高，所以比较寒冷，而小镇上则酷热难耐。在同一个岛上，能够同时体验到两种不同的气温，非常神奇。不过，切记要准备两套衣服，否则美景当前，要么被热坏，要么被冻坏，影响参观美景的兴致。

沿途亮点

赏鲸

鲸鱼群经常在毛伊岛附近的海面出没，即使不出海，只要在沿海公路上，便能看到气势磅礴的鲸鱼群。当然，这只是远观，想要近看，还是需要出海的。毛伊岛有专门的赏鲸船，每只船能够搭乘百余名游客，同时船上还配有相关的海洋专家。出海后，游客们可以一边观赏鲸鱼群，一边听专家做精彩的鲸鱼生态解说。出海归来，游客不但与鲸鱼有了亲密接触，还有可能成为半个鲸鱼专家。

Tips

❶ 在哈莱阿卡拉火山看日出，需要注意保暖，虽然毛伊岛四季都是夏天，但是日出之前山顶温度较低。

❷ 哈莱阿卡拉火山的门票，在后山"七圣池"通用，请一定自备食物和水。

❸ 毛伊岛有很多优美的海滩，如红海滩——沙子因富含铁元素而呈现红褐色、黑沙滩——沙滩呈现出独特的黝黑光泽、卡纳帕利海滩——休闲和水上运动的好场所，游人可以根据自己的爱好选择。

❹ 如果有条件的话不妨在晚上参加一场充满激情与野性的篝火歌舞会。

地理位置：北大西洋与北冰洋交汇处

探险指数：★ ★ ★ ☆ ☆

探险内容：自然景观、特色美食

危险因素：环境、天气恶劣

最佳探险时间：6-9月

冰岛

* * * * * * * * * * * 享受温泉之旅 * * * * * * * * * * * *

　　在人们的印象中，北极圈是极冷的地方，然而紧靠北极圈的冰岛并非如此。岛上火山林立，地热资源丰富，温泉星罗棋布。这里，更像是北欧童话故事里的仙境，不仅有优美的自然风光，还有令人流口水的美食。一边欣赏风景，一边品味美食，大约是最好的休闲方式了。

▣ 雪山下的红色小屋，美丽夺目

冰岛是欧洲的第二大岛屿，位于北大西洋中部，紧贴北极圈。因而在冰岛上可以看到极昼现象。整个冰岛呈碗状，四周是山脉，中间是高原。冰岛上广布火山，几乎整个国家都在火山岩上，而且冰岛有很多温泉。因而，冰岛被称为"冰火之国"。

　　初到冰岛，你会有走到世界尽头的感觉。这里没有树，没有人，有的只是一望无际的火山岩石荒漠。倘若只是如此，那么冰岛就会令人大失所望了。在冰岛上，人们体验更多的是冰与火的缠绵。

　　雷克雅未克是冰岛的首都，看起来更像

■ 倾泻而下的黄金瀑布溅出的水珠弥漫在天空，仿佛整个瀑布是用金子锻造成的，景象瑰丽无比，令人流连忘返

一个无人小镇。高山从东北面将雷克雅未克环绕，每当太阳照耀时，紫色的山峰与深蓝的海水便交相辉映，十分娇艳迷人。等到白雪皑皑之时，山顶的积雪洁白纯净，在湛蓝的天空和碧蓝的海水映衬下显得更加壮观。在这样通透的大环境里，城市里那些红红绿绿的建筑便分外耀眼，而整座城市也因此而显得妩媚起来。

冰岛多温泉，在离雷克雅未克不远的地方就有一个温泉城。那里的花草树木和建筑，简直就像是北欧童话里的仙境。可以一边泡着温泉，一边欣赏远处的风景。泡完温泉，还可以去品尝冰岛特色的美食。冰岛的熏鱼享誉世界，三文鱼和熏鳟鱼味道最佳。在这

里，你还可以吃到世上少有的鲸肉。另外，冰岛的酸奶也很出名。

吃饱喝足，可以去珍珠楼鸟瞰雷克雅未克市中心全景。珍珠楼像一颗透明的水晶球，

■ 造型奇特的哈尔格林姆斯教堂

独特的造型和现代艺术风格的完美展现使它名噪一时，成为著名的旅游景点。楼内设施完善，各种设施非常方便，有时候还有会展。夜晚的珍珠楼灯火辉煌，流光溢彩。从空中看，珍珠楼在众多建筑物的簇拥下，共同形成一朵美丽的花。

冰雪融化形成的河流奔腾不息；阳光照耀下的瀑布出现彩虹，色彩斑斓；温暖的泉水从地底喷涌而出。如此美妙的世界，等待着人们的光临。

沿途亮点

蓝湖

它是冰岛最大的户外浴池，也是世界著名的地热温泉，被人们誉为"天然美容院"。蓝湖水中含有多种矿物质。在湖底有时可以挖出一种白颜色的泥，它对美容健体有着特殊的功效。

黄金瀑布

冰岛的断层峡谷瀑布众多，最大的要数黄金瀑布，它也是冰岛最有魅力的景点。黄金瀑布方圆 700 平方千米，有断层、国会湖、喷泉等风景。断层的鬼斧神工、国会湖里的清澈透明、喷泉区的缭绕烟雾和冲入天际的水柱，都让人着迷。

凯瑞德火山坑

在火山坑中储蓄着一汪碧绿的湖水，在阳光照射下，清澈的湖水如一块碧玉镶嵌在环形山内。站在山之巅，清凉的风掠过宁静可人的小湖，心中也会随之安静下来。

哈尔格林姆斯教堂

以冰岛著名文学家哈尔格林姆斯的名字而命名，用来纪念他对冰岛文学的巨大贡献。该教堂为管风琴结构，可乘坐电梯上顶楼俯瞰首都全貌。设计师运用本土的创造素材，使用当地的建筑材料，设计了这座标新立异、具有冰岛民族风格的教堂。

Tips

❶ 冰岛地广人稀，路况复杂，野外隐患较多，须多加注意。

❷ 冰岛气温较低，风较大，最好携带防风保暖衣物。

❸ 冰岛天气恶劣，经常下冰雹，最好戴顶帽子。

🔹 去蓝湖泡温泉，热气弥漫，异常温暖，仿佛沉浸在迷蒙世界里

地理位置：太平洋西南部，澳大利亚新南威尔士州
探险指数：★★★☆☆
探险内容：游泳、观赏风光
危险因素：水母
最佳探险时间：全年

豪勋爵岛

★★★★★★★★ 最奢侈的火山岛 ★★★★★★★★

蓝天和青山构成静态的风景画；白云和大海则是动态的风景。也许，你喜欢在这里登山；也许，你喜欢在这里潜泳。躺在沙滩上沐浴阳光是一种享受，林间漫步更是一件愉悦的事情……

▫ 岛上风景优美的高尔夫球场

豪勋爵岛是一座宁静安详的岛，更是一座让人惊艳的岛，如果说有着长达7000米白沙滩的汉密尔顿岛是一个贵族名媛的话，那么豪勋爵岛就是一个王族公主，它的外形和岛上的物种都要漂亮和丰富得多。

想要体验澳大利亚岛屿生活，那么就不要错过豪勋爵岛。虽然它处于新南威尔士州的东海岸，而且只是一座火山岛，但却一直保持着岛屿生活的模式：交通工具限速，岛上不设移动电话通信信号。走进这里，便仿佛一步踏进澳大利亚土著人的生活。豪勋爵岛方圆56平方千米，有近40平方千米的区域长满树木。林间修筑有多条健身步道，行走其间，可以观赏到岛上多种多样的物种，大量的珍稀动、植物足以让人眼花缭乱。

700万年前，在世界五大洋的主要水流交汇点上，一次威力巨大的火山喷发形成了这座小岛屿。岛屿上那些奇异的地理特征便是火山喷发留下的痕迹。对于潜水者们来说，这里是他们的天堂，因为这里有世界最南端的堡礁珊瑚，有大约500种热带鱼在近百种珊瑚丛中自由自在地生活。

这个岛屿之所以没有那么多人来游玩，是因为岛上有一个规定：同一时间上岛的观光人数被限制在400人以内，而且不允许任何形式的破坏或开发。也因此，这里的生活保持着一种"原生态"。在这个岛上，家家户户门不落锁；至今仍杜绝手机通信系统；没有冷气或中央空调；没有任何夜生活，更没

■ 巨大的潟湖，是游泳爱好者的天堂

有光污染，肉眼就能见到最璀璨的南半球银河；完善的垃圾分类与污水处理系统，使岛上非常洁净，水龙头转开即可生饮自来水；整个岛屿公路仅 8 千米，没有大众交通系统，没有出租车，自行车和步行是岛上最受欢迎的出行方式。

只有在这个小岛上，你才能真正地融入自然。在豪勋爵岛上散步，是一种最休闲的方式。清新的空气，混合着青草、鲜花和泥土的味道，一切在你眼里是那么的安静、和谐。对于喜欢奢侈的人来说，这里没有过多的物质享受，但有的是大自然的奢侈馈赠。多姿多彩的自然景观，让你目不暇接。森林有森林的奇景，海洋有海洋的美丽。

几近摧枯拉朽的枝叶、嚣张跋扈的树根、综合了湿气腐朽与生鲜草香于一体的森林气味，让人感叹地球上任何一种物种，即使是不会行动、不会言语的植物，都有其强韧的生命力与惊人的力量；雪白的海浪拍打岸礁，让人产生出一种近乎痴傻的沉迷，很想融入那朵神秘白浪，与之一起交缠相拥……

沿途亮点

礁湖海滩

细软的沙滩和坚硬的礁石，将海水环绕起来，不让它们任性地四下漫溢。海水则淘气地给它们捣乱，时而撞向礁石，然后浪头溅起，任凭水花四下散开；时而涌向沙滩，一遍又一遍地亲吻着细沙，然后又慢慢退回到海里。水纹像是一条条银白色的丝带，在阳光下散发着淡淡的光辉，十分迷人。

高尔山

一座美丽的山峰，虽然不能耸立入云，但是它的优美也妙不可言。海水围绕着它，摇曳成一曲欢快的歌，悠扬地唱着。夕阳西下，金色的阳光铺满海面，映照在小山上，分外美丽。

■ 波澜壮阔、清澈动人的海洋会令你心情舒畅、怡然自得，恍若进入一处美妙绝伦的仙境

Tips

❶ 岛上唯一的交通工具是飞机，除非你有私人船舶。

❷ 岛上消费很高，但是住宿的地方并不如大型酒店。

地理位置：东南太平洋，智利以西约 3600 千米处
探险指数：★★★★☆
探险内容：历史遗迹、石像之谜
危险因素：鲨鱼
最佳探险时间：5～10 月

复活节岛

揭秘巨人石像

自从有人发现这个岛屿之后，它就成了人们关注的焦点。各国的探险家、考古学家、语言学家、历史学家等无不对它产生了浓厚的兴趣，它就是复活节岛。

▣ 复活节岛上遍布巨大的石雕人像，它们或卧于山野荒坡，或躺倒在海边

荷兰探险家雅可布·洛吉文等人于1722 年出海探险来到南太平洋时，在距离大陆 3600 千米的地方发现了一个岛屿。这个岛屿与世隔绝，既没有人居住，更没有名字。因为他们登上岛屿那天恰好是复活节，于是便给小岛取名为复活节岛，以此来纪念探险家们的发现。

如果说洛吉文等人让人类知道了复活节岛，那么 600 多尊暗红色火成岩雕刻石像让复活节岛名扬天下。这些石像高 7～10 米，

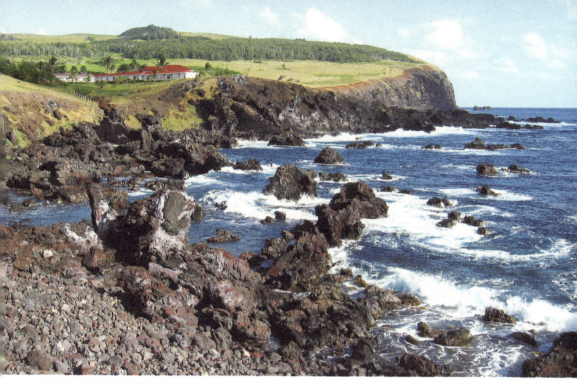

重 30～90 吨，其中一座石像仅帽子就重达 10 吨以上。这些石像通身都是石头，唯有眼睛是用闪光的贝壳或黑曜石镶嵌而成，而这样的材质似乎让石像们复活过来。炯炯有神的眼睛配上宽额大脸、高鼻凹眼，饱满的嘴唇和大大的耳垂，配上暗红色的石材，让这些石像的神态十分威严。这些巨人都面向大海，整齐地站在海边，一眼看过去，就好像是古时候的武士们准备出征一样。不过让人

诧异的是，他们都只有上半身，没有双腿。

而这些石像除了让人震撼外，还给人们带来许多困惑：如此巨大的石像是谁雕刻而成的？他们是用什么工具做出来的？目的是什么？这些问题早在复活节岛被发现的那一天起，就困惑着人类。许多专家都来到岛上，试图解开这些神秘的问题，但他们找不到让人信服的证据，所以得出的解释都只是猜测而已。

石像让复活节岛变得神秘莫测，而金黄色沙滩和碧绿青翠的棕榈树林却又让复活节岛变得美丽迷人。特雷瓦卡虽然海拔才 507 米，但却是岛上的最高点，站在山顶眺望四下，可以看到岛上的一切景色：大大小小的火山、石像，在一望无际的太平洋里，复活节岛像是一个世外桃源，静悄悄地漂浮在海面上，而湛蓝的天空则是最大气的背景布。在特雷瓦卡山不远处，相传是毛利巫师的后

▣ 有些石像头顶还带着红色的石帽，重达 10 吨，颇为壮观

人们恭迎欧图·玛图阿王的地方，那 7 尊摩艾石像便是毛利巫师的儿子们，它们也是岛上保存最完整的石像群。

无论是日出还是日落，美丽的霞光总会照射在石像上面，将巨大的影子投影在岛上，在海洋里，留下一个个神秘的剪影。

馆、手工艺市场。镇上还有一座天主教堂，展出精巧的木雕工艺品，诠释了复活节岛的传统和基督教教义的融合。

拉诺廓火山

在这里几乎可以观赏到复活节岛上的大部分景色。一个湖泊像一面镜子，倒映着蓝天白云。湖中长着芦苇，显得更加幽静。在火山旁还有奥龙戈祭祀古村遗迹以及大量的岩石画。

沿途亮点

拉帕·努伊国家公园

复活节岛的大部分地区都归属拉帕·努伊国家公园，洞穴、祭坛、巨人石像、岩石画等岛上所有关于考古的景点在公园里面星罗棋布。所以到复活节岛，一定要逛一逛拉帕·努伊国家公园。

阿纳凯海滩

复活节岛北部是摩艾巨人石像和白色沙滩。沙滩名为阿纳凯海滩，这里不但长满碧绿青翠的棕榈树，而且视野非常开阔，是岛上人们欣赏日落最好的地方。日落时分，漫步在沙滩上，远眺蓝天和太平洋水天一色，太阳像是一个大圆球，那景色让人心旷神怡。

安加罗阿

随着复活节岛成为旅游胜地，这个小镇也应运而生。在蓝天下，一条曲折的道路在小镇里蜿蜒，路两旁是超市、餐

Tips

❶ 在这里没有安全保护措施，潜水比较危险。

❷ 智利最好的美食是海鲜。

▣ 红褐色的礁石上长满苔藓，远处的湖泊像块宝石镶嵌在绿草中，一切都保留着最原始的气息

地理位置：北太平洋夏威夷群岛东南
探险指数：★★★☆☆
探险内容：自然风光
危险因素：火山喷发
最佳探险时间：12月至次年4月

夏威夷岛

探查异域风情

阳光、沙滩、比基尼，这里是男人与女人的梦想之地。美丽的夏威夷，独特的风俗习惯，美味可口的食物，还有喷涌的火山，寂静的海湾……一切的一切，在动静结合中诠释大自然的魅力。东西方文化的交融，让你体味到不一样的美国风情。

椰林、海风、阳光、沙滩，这里应有尽有，不论想品尝美食，还是体验极速刺激；想看死火山，还是走近危险的活火山，夏威夷总是不会让你遗憾。

在夏威夷群岛中，最大的当然是夏威夷岛，而且这个岛目前因为火山不断喷发还在不停地扩大中。在波利尼西亚语中，夏威夷有"原始之家"的含义，岛上的一切都保持着最自然、最原始的状态，景色十分优美。

岛上海水清透，树木葱茏。树林里，五颜六色的花朵开得正艳，与绿意盎然的小草相互映衬，花朵上、草丛间、树林里，更有各种各样的蝴蝶飞来飞去，它们的翅膀在太阳光的照耀下薄如蝉翼，宛如一个个可爱的小精灵。

沙滩上长着一排排椰子树，树上硕果累累，树下有沙发供人休息。偶有螃蟹从沙洞里爬出来，在脚下横行。深蓝的海水与湛蓝的天空遥相对应，世界变得通透而纯净。不过蓝色终究有些沉闷，但是不要担心，因为

■ 热情四溢的草裙舞

现代感与原始风光并存的威基基海滩

一群群海鸥在大海和天空之间飞来飞去，它们灵动的身影驱散了这份沉闷。不经意间，感觉脚丫凉凉的，低头看，才发现海水在不知不觉中已经漫上来。它们将许多贝壳冲上沙滩，这些贝壳五颜六色，仿佛一个个被散落在沙滩上的珍珠散发着光芒。

由于被海水侵蚀，恐龙湾这处火山遗迹变成了一片片水色湛蓝、风景迷人的海湾

到夏威夷岛来旅游，你首先感受到的不是美景，而是夏威夷岛上居民的热情。那些夏威夷女郎热情似火，她们会驾着小舟到海里去迎接客人们，等到客人们从观光轮上下到小舟里，她们一边高喊"阿罗哈"，一边送上漂亮的花环。那热情劲儿足以消除每一个游客的异乡拘束感。在夏威夷语中，"阿罗哈"意为表示祝福和欢迎的"你好，欢迎来做客"，送花环则与中国的握手礼节相似。因此当有夏威夷女郎送上花环的时候，你一定要表示感谢。在夏威夷，星期五和中国的周末一样热闹，人们会在这一天尽情放松自己。你随处都可以看到穿着彩色衬衫的夏威夷男子们，和身穿宽长袍、耳朵后面戴芙蓉花或是颈项处挂着花环的夏威夷女子们，他们随着音乐跳起有着浓郁夏威夷风情的舞蹈。

夏威夷人有自己独特的服装：夏威夷衫。这种服饰剪裁简洁，色调鲜艳，有的上面还印刷着夏威夷海岛风光，十分应景，也很舒适。因此走在夏威夷的岛上，随处都能看到身穿夏威夷衫的行人，而且从服饰上就能看出性别：男人穿短衫，女人穿长衫。夏威夷岛有一种独特形式的宴会，名叫卢奥。这是一个波利尼西亚聚会，它不受时间限制，可以在每年的任何一天举办，而且场面十分盛大：首先，席面上全部是有着波利尼西亚特色的菜肴，尤其是主菜——卡鲁阿烤猪，必须由波利尼西亚人亲自动手，经过很多道复杂的工序制作出来。烤猪熟了，也就预示着聚会正式开始。人们一边跳起草裙舞，一边品味波利尼西亚美食，同时还有多种热带水果供人们享用。人们在聚会上尽情

地享受美食，尽情地说唱跳舞，一切都是那么美好。

沿途亮点

草裙舞

又叫呼啦舞，是一种全身运动的舞蹈。在跳舞的时候，人们通过不同的手势表达不同的含义，一般是人们对各种美好事物的期冀，如祈求丰收、渴望和平等。传说草裙舞是舞神拉卡为姐姐火神佩莱所跳，具有浓厚的宗教意义。现在，它用乌克丽丽伴奏，成为娱乐性的节目。

威基基海滩

是最典型的夏威夷海滩，也是世界上最著名的海滩。这里有细致洁白的沙滩、摇曳多姿的椰子树及林立的高楼大厦。海水宁静开阔，是假日休闲的理想地点。人们既可以划船、冲浪，还可以沿着沙滩在夕阳下散步，慢慢欣赏落日的壮观景象。

恐龙湾

因整个海湾形状如同被一只巨龙围绕，故中国人称之为恐龙湾，英文名的意思是弯弯的海湾。湾内水清沙细；海底有大面积珊瑚礁，色彩绚丽的热带鱼悠游其中，宛如海底

🔲 虽然熔岩流过，但随着岁月的流逝，这里重新焕发生命活力

天堂；湾边陡峭，岸边有一片酸豆林。这里是潜水赏鱼的最佳去处。

Tips

❶ 在旅行期间，可以购买旅行支票，比较方便。

❷ 在夏威夷，旅行支票和主要信用卡使用普遍，也有很多 ATM 提款机。

🔲 夏威夷岛由 5 座火山组成，气势磅礴，蔚为壮观，称得上是造物主的伟大杰作

地理位置：加拿大东部
探险指数：★★★☆☆
探险内容：神秘宝藏
危险因素：海水
最佳探险时间：夏、秋两季

橡树岛

挖掘埋没的宝藏

　　橡树岛没有厚重的历史，自然也没有古朴的建筑和古色古香的韵味；橡树岛没有优美的人与自然的风光，自然也不是引人入胜不知归路的世外桃源；大自然如没有给橡树岛进行鬼斧神工般的雕琢，也就不会在岛上留下让人叹为观止的奇异景观。但橡树岛却有一种让无数人都疯狂的东西：宝藏。

▣ 21 号码头，演绎了一幕幕人间的悲欢离合，承载了人们太多的希冀

　　橡树岛位于加拿大东面，其实只是一个小得不能再小的岛屿，面积仅相当于一个中型体育场。岛上没有奇异的风景，就连岛名也是因为岛上的一棵橡树而得的。但就是这样一个小岛屿，却相传藏有一批价值 3 亿美元的宝藏。

　　时光倒流回 1795 年，人们发现了岛上关于宝藏的痕迹，便开始挖掘。不过，挖掘过程并不顺利，挖宝人每隔3米便挖出一块木板，一直挖到9米深，几乎把小岛翻了个遍，他们的粮食也都消耗殆尽，宝藏却迟迟不见踪影。于是挖宝人只得灰心丧气地走了。

10年后，一位年轻医生带着一个寻宝队来到橡树岛，他们带来了在当时看来最先进的机械设备，准备大干一场。但他们一直把坑挖到27米深处，依然没有看到宝藏的踪影。不过比10年前的人要幸运，因为他们发现了一块不同寻常的石头。石头上有许多无人能懂的象形文字。大石头让人们相信，马上就要挖到宝藏，于是干劲更足了。就在他们继续挖掘时，却发生了意外：深坑里被水灌满了。他们无法将水淘尽，但又不死心，便在旁边又挖了一个坑，然而依然以被水倒灌深坑而结束。

50年后，有人组成一个新的寻宝队再度登上橡树岛，这次他们带来更为先进的机械设备，如大型钻机和抽水机。为了挖宝，他们做足了准备，而且志在必得。他们在原来那个坑往下挖3米后，发现了一条金表链，这个发现让寻宝队异常振奋，但随后大坑又被海水灌满了。他们于是沿袭上个寻宝队的做法，在旁边继续挖坑。但这次依然是同样的结果，而且糟糕的是，因为海水来势凶猛，让在下面作业的工人们躲无可躲，几乎被海水淹死。寻宝队还发现，海水根本抽不干，原来这些海水都是来自于一条通往大西洋的地道。谁又能抽干大西洋的水呢？于是寻宝工作只能就此作罢！

虽然寻宝工作屡次失败，但依然有无数寻宝者来此探索。到1893年，寻宝队有了收获，他们在地下45米深处，发现了水泥一样的物质，同时还挖掘出一张羊皮纸。纸上用墨书写着文字，但人们依然看不懂文字

▶ 尼亚加拉瀑布拥有99米高的落差，水流湍急，骤然陡落，水势澎湃，声震如雷

所表达的内容。倘若这次再继续深挖的话，宝藏的秘密也许就能昭告于天下，但令人遗憾的是，深坑再次被海水填满。

时至今日，依然没有人挖出橡树岛的宝藏。宝藏究竟存在与否？倘若有，那又是谁藏在这里？为什么修建地道？为什么会藏在这里？这些都是谜题，等待有缘人去挖掘。

沿途亮点

21号码头

新斯科舍省哈里法克斯的21号码头，以前是加拿大主要的移民接待中心，现在这个功能已经被取消，21号码头便成为一座历史遗迹。如今，人们在这里的博物馆追忆和缅怀历史。

尼亚加拉瀑布

尼亚加拉瀑布是一座著名的马蹄形瀑布，要游览尼亚加拉瀑布有4种方法：一、在瀑布下方，乘坐游艇仰望"飞流直下三千尺"的美景；二、去瀑布后面探险；三、乘坐直升机俯瞰瀑布全景；四、漫步瀑布下游，看水流潺潺。

Tips

❶ 遇到紧急情况可拨打911。

❷ 当地电压为110V，插孔为三孔，上面一个圆形插孔，下面两个为扁形。

地理位置：巴西圣保罗州
探险指数：★★★★☆
探险内容：近距离接触毒蛇
危险因素：毒蛇
最佳探险时间：4-6月，10-12月

巴西蛇岛

踏上蛇的王国

黄白黑各色不同的蛇类，翻滚在一起，张着大口，吐着火红的芯子，发出咝咝的声音……

▫ 外观看来岛上并没有什么奇特之处，但这里是蛇的天堂，人的地狱

可以任意扭曲的覆满密密麻麻鳞片的身子，巨大的口张开能吞下比自己还粗的猎物，锋利的牙齿能瞬间注入令庞大的动物迅速死亡的毒液……世界上所有的动物中，蛇类也许是最让人害怕、最让人难以忍受的了。从《农夫和蛇》的故事，到希腊神话中恐怖的女妖美杜莎，再到基督教中魔鬼的化身，蛇在各个地方都留下了很多"恶名"。

在南美洲巴西圣保罗附近的海域中有一座小岛——伊利亚德大凯马达岛，该岛因为盛产毒蛇而成为世界闻名的"蛇岛"，也是世界上最危险、最恐怖的岛屿之一。从远处看这座蛇岛呈长条形，岛上都是山地，除了山顶几乎没有一块平坦的部分。从海面到山顶都被浓密的植物所覆盖，这里离大陆不远，很多迁徙的鸟类选择在这里暂时栖息。然而，这座看似平常无异的小岛，对于这些鸟来说却是死亡的陷阱，那些鳞片颜色早已演变得和植物差不多的蛇类隐藏在树枝之间，等鸟类接近时，狡猾的它们便一跃而起，准确地咬住猎物。

▫ 岛上爬满了有毒的蝮蛇

　　岛屿上的蛇种类很多，有白头蝰、树蝰、矛头蝮、棕榈蝮、跳蝮等，大的长达三四米，小的只有几十厘米，其中大部分是剧毒类。虽然这里经过的鸟类很多，给它们提供了足够的食物，但竞争还是十分激烈。为了栖息地、阳光或者捕食地点，这些丑陋的捕食者内部也时刻在进行着残酷的斗争，竞争能力差的便被毫不留情地淘汰，生存下来的都是强者中的强者。

　　在伊利亚德大凯马达岛被视为禁区前，这里发生过几起人类被这些致命捕食者毒死的事件——很多误入蛇岛的旅游者、探险者因为防备不够遭到毒蛇的袭击。

　　巴西海军偶尔造访此地，他们总是前往1909年重建的自治灯塔。也有很多偷猎者涉海而来，登上伊利亚德大凯马达岛，目的是

▫ 这是一座崎岖的岛屿，充满了恐怖气息

捕杀金枪头洞蛇——在黑市上，它们的价格堪比黄金。

　　后来巴西政府为了保护当地的生态环境，也为了防止游人被咬伤，将该岛定为禁区，只有经过特别允许的人才能登上该岛。20世纪末，曾经有11个农夫不听劝阻，闯入该岛，但再也没有出来，后来科学家们在山腰

🔲 由于无人居住，蛇岛上长满了各种植物

的密林中发现了他们的尸体——他们进入仅几个小时之内便全部死亡。正是因为危险和难以进入，这座岛成了很多极限探险家们的梦想之地——很多人在充满毒蛇、鳄鱼、狮子的地域中穿过，通过近距离和这些恐怖的猎食者接触来证明自己的勇敢，来向死亡发出挑战。

据统计这座总面积仅 43 万平方米的小岛上，生活着大约 50 万条蛇，大约每 0.8 平方米就有一条。无论是接近海面的悬崖、石壁上，还是半山腰的灌木、密林中，或是山顶那些裸露的岩石、废弃的灯塔中，都能见到它们的身影。你可以看到这些蛇在海水中游泳，有人形容它们像沸水中翻滚的面条一样，密密麻麻……这让很多人感到恶心、恐怖，但在蛇岛这的确是真实存在的场景。更让人头皮发麻的是，在那些潮湿的树木之下，有些蛇滚成一团，你可以想象那种恐怖的样子，黄白黑各色不同的蛇类，翻滚在一起，张着大口，吐着火红的芯子，发出咝咝

的声音……

如果你是个勇敢的人，是个想挑战自己忍耐极限的人，不妨去巴西的蛇岛看看。

沿途亮点

金枪头洞蛇

这种爬行动物被认为是世界上毒性最强的蛇，它们分泌的毒液比其他品种的蝮蛇厉害 5 倍，甚至可以溶化人肉。这是岛上激烈竞争的结果，只有毒液剧烈到能将鸟类瞬间毒死，才有机会立刻吃到捕捉的食物而不被其他猎食者渔翁得利，从而生存下去。对人来说，被一条金枪头洞蛇咬到后，若不能立刻得到救治就意味着死亡。这里也是世界上目前唯一存在这种剧毒蛇的地方。

Tips

❶ 巴西政府对登岛管理比较严格，一般只允许以科研考察为目的的团体进入蛇岛上，准备去探险前，应该进行仔细询问，确定自己是否有机会登岛。

❷ 进入毒蛇肆虐的森林，最好将自己全封闭在专业的衣服之内，不要留任何可以让毒蛇爬入的缝隙。

❸ 即使采取最完美的防护措施，解毒药品也必不可少。

地理位置：印度尼西亚东努沙登加拉省
探险指数：★ ★ ★ ☆ ☆
探险内容：徒步穿越
危险因素：科莫多巨蜥
最佳探险时间：1-3月

科莫多岛
侏罗纪的遗痕

科莫多岛的海下，有世界上最美丽的花园，那些五彩的珊瑚，比任何鲜花都更鲜艳。

▣ 远眺蜿蜒的科莫多岛，天水一色，蔚为壮观

这仿佛是一个与世隔绝的地方，无论是地貌还是动、植物都透着一种古老的气息。在这里你能看到恐龙的近亲——长达三四米的科莫多巨蜥，神秘的海骆驼——儒艮，最原始的哺乳动物之一——眼镜猴，巨大的鲸鲨以及海岸上大片的红树林。

科莫多岛位于太平洋西侧，是属于印度尼西亚的一座岛屿。该岛介于松巴哇与弗洛勒斯岛之间，南北最长40千米，东西最宽20千米，岛上山丘起伏。科莫多岛是由火山和地震活动而形成的，由于很早就与其他陆地分离开来，科莫多岛上保留了很多远古的物种，其生态系统与世界其他地方十分不同。最著名的科莫多巨蜥是世界上最大的蜥蜴，也被称为科莫多龙。岛屿周边海域中动物种类繁多，主要生物包括鲸鲨、翻车鱼、蝠鲼、侏儒海马、虚假尖嘴、蓝圈章鱼、海绵、被囊和珊瑚等。其中，蝠鲼是科莫多岛最有名的鱼类，它们游弋在湛蓝的海水中，张开宽宽的双翼，仿佛传说中披着斗篷的吸血鬼，也因此得到了"魔鬼鱼"的称号。

科莫多岛海岸线曲折多变，形成了很多港湾。岛上大多生长着美丽的草地，这就形成了海面上绿色、蓝色相互交驳、相互浸透的景象。小小的港湾被绿色的土地所围绕，如果海滩上再生长一片美丽的红树林，那么就更加灿烂夺目了。围绕着港湾的地形也各不相同，有的是高高的山崖，有的是缓缓的斜坡，有的是白白的沙滩，有的是被海水隔开的一座小山。这也让不同的港湾形成了不同的风格，构成了一个个不同的美丽世界。

最高海拔820米左右的科莫多群山，大部分位于热带草原气候区，被茂密的棕榈树林覆盖，林间夹杂着广阔的草地，许多巨大的科莫多巨蜥在草地和林间出没。剩下一部分地区则位于热带气候区，上面生长着密密麻麻的落叶木。以眼镜猴为首的众多热带动物在雨林中生活。在落叶木中，有一片与众不同的树林：红树林生物群。它们自成一个生态系统，而它们的存在又是落叶林和科莫多山最美丽的点缀。

在海上遥望科莫多岛，就会发现它和很多其他岛屿不同，岛上绿色的山脉起伏——因为山上大多生长着或茂密或稀疏的野草，仿佛一片绿色的波浪独立于蓝色波涛之上。科莫多岛一些沿岸地带分布着白色的沙滩，休憩于美丽的沙滩之上，让海风尽情吹拂衣襟也是很美的体验。绿草环绕、清水荡漾，沉醉其间，飘飘然如入仙境。

来科莫多岛不可不看巨蜥，这种被称为科莫多龙的生物是恐龙的近亲，它们已经在这个岛屿上生活了数百万年。巨大的科莫多龙如同坦克一样在岛屿上爬来爬去，是各种小型动物的恐怖杀手，它们巨大的尾巴可以轻而易举地击昏猎物，口中的唾液含有其他生物无法抵御的病菌。同时，它们还是游泳高手，笨重的身体到了水中竟然十分灵活，丝毫不比在陆地上逊色。

20世纪初，松巴哇苏丹把一批罪犯流放到印度尼西亚努沙登加拉群岛服刑，囚犯们成为其中一座无名小岛上最原始的居民。不久，从无名小岛上传出令人毛骨悚然的消息：岛上生活着一群可怕的巨型蜥蜴，它们吃人，

▫ 蜿蜒的海岛呈月牙形，岛上一片新绿

▫ 凶猛异常的科莫多巨蜥

■ 蓝天、白云、海水为科莫多岛带来几分清灵之美

吃野牛，吃野猪，甚至连腐尸也不肯放过。但是，外界的人根本不相信。直到十几年后科学家们才开始对这个小岛进行考察，确定了科莫多巨蜥的存在。1980 年，印尼政府建立科莫多国家公园，并正式向来自全世界的游客开放。如今，这里成了探险家们徒步穿越岛屿、寻找巨蜥的胜地，每年无数人从世界各地涌来，只为观看这种现存的最像恐龙的物种。

沿途亮点

眼镜猴

热带和亚热带茂密森林中的树栖动物，夜行性，主要以昆虫为食，用手捕捉，也吃果实。有高度适应树上活动的能力，能在树间十分准确地跳跃 3 米远的距离，可以用四肢行走，靠后肢在地面上跳跃或奔跑，还能爬树，也能从树干滑下，圆盘状的指垫有吸盘的作用，利于攀缘。他们是猴类中的不合群者，多独栖，有时成对栖息。

■ 机灵的眼镜猴

地理位置：北大西洋
探险指数：★★★★☆
探险内容：潜水、出海观鲸
危险因素：神秘的失踪事件
最佳探险时间：春、冬两季

百慕大群岛

触摸魔鬼的呼吸

神秘的消失再现传闻，让百慕大的海滩椰林、蓝天碧海都笼罩着一股神秘气息。

吉布士山灯塔

百慕大群岛位于太平洋上，景色特别优美迷人，被无数年轻人誉为最美的"蜜月天堂"。清澈透明的海水散发着幽幽的蓝光，让人只是看着就已经很放松了，要是在海水里泡一泡，那简直是身心最高级别的享受了。除了海水，还有以粉红色细沙著称的海滩，以及繁茂的热带树林，配上世上独一无二的雪白屋顶，将百慕大的景色打造得完美无瑕。

不过，百慕大还有另外一面，而且是世人知道更多的一面：凶险、神秘、恐怖。提到百慕大，人们自然而然地就会念出"百慕大三角"这个词来。百慕大三角是一个相当大的区域：北面从百慕大群岛开始，穿过佛罗里达州南部的迈阿密、巴哈马群岛，以及波多黎各，再到西经 40° 线附近的圣胡安，然后折回到百慕大群岛，在美国东南沿海的大西洋上形成一个巨大的三角形区域。在西方人的心里，百慕大三角是死神的居所。因为这里发生了无数起违反物理规则的事件，这些事件都是超自然的，让人类根本无法解释。这里本身就布满暗礁和旋涡，而且经常暴发风暴。无论是恶劣的自然环境，还是超自然的惨案，都让人们对它心怀恐惧，因此人们给它取名为"魔鬼三角区"。

从有记载的 1880 年以来，百慕大三角已经发生了几百起飞机和船只的失事事件，无数人丧生于此。仅在 1880—1976 年的 96 年间，这里就发生了 158 起失事：交通工具和人员全部失踪，仅失踪的人员就有 2000 以上。而且最神秘的是，失踪后有时候还会再次出现，这一点最让人惊诧。

清澈幽蓝的海水给人安逸的享受，但百慕大仍透着一丝神秘

关于失踪又出现的事件里，最著名的要数美国士兵消失案。1945 年，美国海军印第安纳波利斯号巡洋舰在南太平洋遭到日本潜水艇的袭击沉没，所有人都以为船员们死亡了。但在 1989 年，这些士兵却在太平洋上出现，被菲律宾渔民救了起来。士兵们依然穿着作战的服装，而且看不出丝毫衰老的痕迹。他们告诉大家，他们只在海面上漂荡了 9 天。他们的话无疑给世界掷下一枚惊天大雷，因为所有人都知道，已经 40 多年过去了。但是没有一个人能够解释这究竟是为什么。

汉密尔顿安静祥和，并不像大城市般喧闹纷扰

也是在同一年，百慕大原海区出现了一艘名叫"海风"号的英国游船，而且船上还有 6 个人。他们坚称此时是 8 年前的 1981 年 9 月。而事实上，此时已经是 1989 年了。他们说只是短暂性失去知觉，不过很快就苏醒过来，怎么会一眨眼的工夫就过去了 8 年？直到回到家里，得到亲人的证实，他们才相信这是真的。但没有人能够知道为什么会这样。

时间错位已经不是百慕大三角唯一的神秘现象，在这里，还会发生空间瞬息移动。苏联时期，一艘潜伏在百慕大海域水下执行任务的潜水艇，内有近百名船员，一切都十分正常。突然，潜水艇猛地沉了一下，随即

恢复正常。指挥官尼格拉·西柏耶夫感觉不对，便下令潜水艇上升。等他们慢慢浮出海面时发现，自己竟然漂浮在印度洋的海面上，再看领航仪，他们发现自己已经处于 10000 千米之外的非洲中东部地区了。他们联系上总部后确定，这起神秘的事件是千真万确地发生了。

这件事情轰动了整个世界，很多国家都派出科学家组成调查队，对此事进行调查。最后得出许多似是而非的结论，如时空隧道论、外星人绑架论、海洋空洞论、晴空湍流论、黑洞论等。这些五花八门的论断都玄乎其玄，却没有一个能够用科学来论证。

■ 造型迥异的岩石似乎诉说着昔日的那场罹难

百慕大是一个旅游业兴旺的地区，这里有许多旅游资源，明媚的阳光、美丽的海岸、迷人的沙滩，都让游客流连忘返。而岛屿之间的游艇行、与海豚鲸鱼做亲密接触的海洋动物行，或是去寻找失事船只的探宝行，都充满了极度的诱惑。游客们只是百慕大地区的一半，还有一部分是探险者，他们来到百慕大，只为一探自然之谜。

Tips

❶ 百慕大群岛上淡水资源很少，注意节约用水。

❷ 百慕大旅游业发达，群岛专设旅游部，并在伦敦、纽约、波士顿、芝加哥和多伦多设有分部，游人可以联系这些正规的旅游部前去，虽然价格可能昂贵，但游人人身安全有保障。

❸ 寻找沉船的探险活动十分危险，探险者必须做好足够的安全准备工作。

沿途亮点

百慕大海事博物馆

曾经在海上遇难失事的船只就被珍藏在此博物馆里。游客在这里可以欣赏到船中的珍宝、航海日志，甚至多种跨世纪的东西。那些船只残骸以及船上生锈的大炮似乎都在向人们发出警告。

汉密尔顿

百慕大的首府，安静祥和，并不像大城市般喧闹纷扰。当你走在拱廊式的购物街上，看到路上奇异的花草，成排的乳白色房屋，房屋上高大的百叶窗，就会感受到这个北大西洋岛国城市的迷人魅力。

■ 珊瑚礁上色彩斑斓的鱼类组成了"海底野生王国"

地理位置：中国广西北部湾
探险指数：★★★☆☆
探险内容：火山、潜泳
危险因素：海风
最佳探险时间：4-11月

涠洲岛

最年轻的火山岛

火山可以毁灭一切，也可以创造一切。当大量的火山堆积遗留下来，无数的珊瑚聚集成堆，一座美丽的岛屿应运而生。海浪拍打着小岛，海水冲击着海岸。美丽的风景在时光的流逝下被大自然雕刻出来。

▪ 火山岩石千姿百态，让人不得不感叹大自然的妙笔生花

不管你来或不来，涠洲岛都在那里；不管你喜欢或不喜欢，涠洲岛的美，千年不变。

涠洲岛位于广西壮族自治区北部湾海域，是中国最大、地质年龄最年轻的火山岛，也是中国最美的海岛之一。在涠洲岛上，你可以欣赏到很多优美的自然风光，浓厚的客家风情让你流连忘返，丰富的特产更是让你回味无穷。

涠洲岛是火山喷发堆积凝聚而成的岛屿，有海蚀、海积及熔岩等景观。从天空俯瞰整

■ 海鲜市场

座岛屿，它就像一块弓形的翡翠在大海上漂浮。四周烟波浩渺，岛上植被茂密，风光秀美。沿海海水碧蓝见底，海底活珊瑚、名贵海产种类繁多，色彩艳丽，美不胜收。

踏上涠洲岛，发现它是一个花红柳绿的世界。这里有各种各样的沙滩，其中最美丽的是珊瑚石沙滩。蓝蓝的大海一望无际，连接着广袤的蓝天，简直分不出哪儿是天，哪儿是海。白色的沙滩在太阳的照耀下，呈现出一片金灿灿。

由于特殊的地理环境，涠洲岛降雨量十分充沛，整个岛屿温暖湿润，四季如春。这里很适合潜水，与三亚相比也毫不逊色。众多的潜水地点，给予人们更多的选择。这里海域的海水清澈，潜入水中，会看见种类繁多的珊瑚群，还可以欣赏枝状、片状、团状、管状等形状的珊瑚礁。在这里，你可以一边体验海洋世界的神秘，一边和各种鱼、虾蟹、贝类在大海中自由地邀游。

涠洲岛的港口呈美丽可爱的月牙形，北低南高的地势，让涠洲岛成为一个天然的良港。码头背后是高耸的悬崖，上面长满苍翠的青松和仙人掌，地势非常险峭。站在悬崖上眺望港口，只见海面波澜壮阔，船艇进进出出，船上人来人往，半空中鸟儿飞来飞去，十分热闹。涠洲岛除了港口和悬崖，还有各种具有科研价值的景观：生物和天象景观、海蚀景观、火山口景观、热带植物景观等。倘若站在涠洲岛的西南端，就可以清晰地看到这些景观。在涠洲岛的海岸上，还有海水侵蚀所形成的各种沟壑、洞穴、崖壁等奇特的地形地貌。在这些海蚀地貌中，要数西港码头的巨型海蚀蘑菇最雄伟，它有3米高，6米宽。

涠洲岛不仅有好玩的地方，还有好吃的东西。木菠萝，肉质芳香、清甜脆嫩；海参、鲍鱼、鳝肚，闻名国内外；墨鱼、石斑鱼、红鱼，异常鲜美；还有畅销东南亚的花生油，

□ 涠洲岛气候宜人，风光秀丽，海上船只往来，景色别具一格

色泽金黄，含水少，耐储藏。

　　来涠洲岛探险，可以潜水畅玩海底世界，还可以在岛上大快朵颐，品味当地特产，或者去探索神秘的火山。

沿途亮点

涠洲岛天主教堂

它是法国文艺复兴时期的哥特式建筑。其建筑材料全取自岛上的珊瑚、岩石、石灰拌海石花及竹木。100多年来，涠洲岛天主教堂虽经历了风吹雨打，但仍保存完好，还可供教徒们在教堂内做弥撒祈祷和供后人观瞻。

滴水岩

又称滴水丹屏。绝壁上部绿树成荫，壁上层间裂隙常有水溢出，一点点往下滴，如珠帘垂挂。这里的沙滩也很优美，更是观赏夕阳的好地方。在晴天的时候，每当夕阳西下，给我们留下的是最绚丽的晚霞。

芝麻滩

因沙滩上有许多像芝麻一样的黑色小石粒而出名。当退潮时，一部分海水会留在小小的坑洼里，在阳光的照耀下，显得特别美丽。积水映照着蓝天白云，在裸露的火山岩上如同一面打碎的镜子。

□ 涠洲岛天主教堂

地理位置：苏格兰刘易斯岛外海
探险指数：★ ★ ★ ★ ☆
探险内容：考古、悬崖
危险因素：火山喷发
最佳探险时间：全年

圣基尔达岛

* * * * * * * * * * * 被遗弃的千年文明 * * * * * * * * * * *

对于背包客来讲，圣基尔达是他们向往的地方，也是神秘和荒凉的代名词。它的确太远了，如果你不仔细看，在英国地图上都找不到它的踪迹。然而越是不容易到达的地方，就越值得一去……

▪ 古老的围墙和避难所在这偏远的岛上保存至今

在2000年前，人类的足迹就已经到达了外赫布里底群岛的圣基尔达岛，这里距离苏格兰的边界大约200千米，是英国人居住得最偏远的地方。不过，自从1930年最后36位当地居民离开这里后，圣基尔达岛便再也没有人类居住，这里成了各种野生动物的家园，伴随它们的是终年呼啸的海风。

圣基尔达岛是海底火山爆发后，火山灰堆积露出海平面形成的一个岛屿。人类之所

■ 以高山棘刺植物为食的野生羊驼

以离开这里，是因为这里的气候实在是太恶劣了。每年，只有在最好季节的好天气里，人们才能到岛上去，所以想要登上圣基尔达岛，是需要运气的。运气好便能在预订船票后登陆岛屿；运气不好的话，即使预订了船票，也是会被取消的。旅游局可不会让你冒着生命的危险去见识那独特的风景，虽然那风景的确是值得冒险去看的。因为曾经在岛上居住过的居民的后代说：那里美丽的风景足以让人忘掉时间。

圣基尔达岛是一个群岛，包括赫塔岛、丹村岛、索厄岛和博雷岛4座岛屿，而且每个岛屿上的火山都星罗棋布，这些火山形状各异，千奇百怪。而火山爆发又形成了高达430米的悬崖，这也是欧洲最高的悬崖。由于这个悬崖四面邻海，因此显得更加高耸和峻峭。在岛上，还有一块英国岛屿中最高的

岩石——阿明岩，高达191米。

人类虽然已经离开了近百年，但岛上依然可以看到人类生活过的痕迹。石头房子、农舍、学校、教堂、街道，还有界线分明的一块块耕地。当年的人们一定也像内陆的人们一样，分耕地，养牲畜，悠闲地过着小日子。由于岛上泥土匮乏，于是居民们便铺上海藻来种植谷物，用石头做的界线除了分清各家的地界之外，还有保护谷物免受海水和海鸟侵袭糟蹋的危险。在岛上，最让人感慨的是街后面的那片墓地。墓地里埋葬着岛上所有死去的居民，其中小坟墓居多，这些都是死去的婴儿们的家园。也就是说，婴儿的死亡率最高，由此可见，岛上并不适合人类生息繁衍。

动物比起人类，要更容易适应恶劣的环境，岛上丰富的动物种类便说明了这一点。

▣ 北大西洋上最大的海鸟——塘鹅

许多欧洲西北部濒临灭绝的珍稀鸟类，都在这里得到繁殖，比如塘鹅，以及角嘴海雀等。甚至有时候，还能看到棕色的羊群在悬崖峭壁上穿梭攀缘。

无论它抚育了多少生命，人类的文明终究抛弃了这里。只有科研人员和考古人员在呼啸的海风中去倾听海浪拍打礁石和海鸟的鸣叫，他们始终没有放弃这片恶劣却又美丽的地方。文明不再，然而生命不息。

游泳，或者在岸上休息晒太阳，剩下的时间便专注地梳理它们的羽毛。塘鹅食量很大，而且不知道饥饱，经常吃撑，因此无法起飞，便在水面上漂浮。

Tips

❶ 岛上天气多变，最好带全衣物，以备更换。
❷ 英国菜以简为主，英式传统奶茶搭配英式早餐是一个不错的选择。

沿途亮点

野生羊驼

据古生物学资料记载，野生羊驼原产于北美洲，后来迁徙到了南美，在秘鲁和智利的高原山区生活，而原产地的羊驼反而灭绝了。这种类似体形高大的绵羊的物种，现在成为南美洲特有的物种。

塘鹅

塘鹅属于野生大型游禽，群居动物。塘鹅是感情专一的动物，终身只有一个伴侣。每天塘鹅都和伴侣或家人在一起

▣ 最适合塘鹅生存的北部最陡峭的悬崖

地理位置：非洲东南海面上

探险指数：★ ★ ★ ☆ ☆

探险内容：野生动物

危险因素：野兽

最佳探险时间：8-11月

马达加斯加岛

寻找消失的动物

　　丰富的地理环境，茂密的丛林，繁荣的草原，为大量的生物提供了栖息之地。在这个岛上生活着20多万种动、植物，然而，由于人们的不正当开发，森林逐渐减少，草原慢慢消失，动物们再也找不到栖息的天堂。

▫ 岛上青葱茂盛的雨林与烈日灼人的平原并存，就连这里的树冠，都像是伸向天空的树根

　　湛蓝的天空中，挂着火球似的太阳，云彩好像被太阳融化了，消失不见。阳光从层层叠叠的枝叶间透射下来，地上斑驳成铜钱大小的光斑。清风吹拂，带来了阵阵凉意，阳光似乎也不那么猛烈了。午后，懒洋洋地想要睡去。

马达加斯加岛位于非洲大陆的东南海面上，为世界第四大岛。它以热带气候为主，全岛季节变化不明显。岛屿中部为热带高原气候，温和凉爽，土地肥沃。

丰富的气候和地理条件，促生了大量的森林、草原，为马达加斯加20多万种动、植物提供了生存场所。这里有世界上其他地方没有的动物，如马岛獴，它是马达加斯加岛最大的食肉动物。

马达加斯加岛是狐猴的乐园，这里的狐猴有30多种，因此在所有动物中，狐猴最引人注目。斑狐猴重视亲情，每次大雨后，斑狐猴一家都会聚在阳光下取暖，场面十分温馨。冕狐猴最淘气，专门吃绽放正艳的花朵。

马达加斯加岛人的财富是牛群，他们崇拜牛，甚至会给牛犊洗礼，而且一星期会有一天给牛放假，不让它们下地干活。倘若在街道上与牛照面，是要让道给牛先走的，也正是因为如此重视牛，所以在岛上牛是繁殖最快、最多的动物。马达加斯加是农业社会，主产大米，除此之外还有木薯和白薯，当然，人们也爱喝酸奶、牛奶等奶制品。他们的房屋地基高，屋顶也高，酷似东南亚的民居。

马达加斯加人崇尚尊老。很多机构都会聘用老人，因为在他们看来，老人经历多，也拥有很多智慧。他们也非常热情，无论你是本地人，还是外国的朋友，他们都友好相待。马达加斯加人的餐饮现在也吸纳了许多外国菜，如法国菜、意大利菜、越南菜、印度菜，当然少不了中国菜。不过他们依然只喜欢饮用当地的兰姆酒，这是用蔗糖和大米酿制出来的，味道很独特。他们也饮用啤酒，待客最常用的是三马牌啤酒。

▫ 神奇的变色龙

■ 马达加斯加岛奇特的地质景观让人惊叹不已

塔那那利佛革命公园

为捍卫民族独立，马达加斯加人和王朝进行了不懈的斗争，最终取得胜利。人们为了纪念那些英雄不畏强暴的精神，将王宫改造成博物馆。每天清晨，革命公园便沐浴在晨光里，如梦如幻。

圣玛丽角

圣玛丽角每年会举行阿卡迪亚音乐表演，同时这里也是自然风景极其优美的地方，有细沙和贝壳构成的海滩，还有鸟儿栖息的沼泽地。

豹纹变色龙

豹纹变色龙最大的特点便是变色，它的颜色能够随着温度和日光的变化而变化。想要分清豹纹变色龙的雌雄，只需要看它们的颜色，雄性颜色明亮，雌性颜色暗淡，呈褐色或茶色。

狐猴

人类和马岛獴这两种天敌，已经将狐猴从别处赶走，它们现在只在马达加斯加生活了。这是一种美丽的动物，有漂亮的眼睛、憨态可掬的动作和可爱的性格，十分讨人喜欢。别看它们的眼睛大大的十分美丽，但捕捉食物却要依靠回声定位。

❶ 去逛当地露天市场，唯一须防范的是小偷。

❷ 马达加斯加海关对携带外汇入境没有限制。

❸ 品相好的鹦鹉螺化石属于宝石级，仅产于马达加斯加，较稀有。

■ 娇小可爱的狐猴

地理位置：南美洲最南部
探险指数：★ ★ ☆ ☆ ☆
探险内容：观赏冰川、穿越荒原
危险因素：山路险远、寒冷
最佳探险时间：11 月至次年 2 月

火地岛

遥望南极洲

它不仅是旅游胜地，也是人们认识大自然的课堂。

火地岛，位于南美洲最南部，隔麦哲伦海峡同南美大陆相望，周围分布着数百个岛屿和岩礁

火地岛位于南美洲最南部，隔麦哲伦海峡同南美大陆相望，最窄处仅 3.3 千米，其周围分布着数百个小岛和岩礁。

火地岛原为奥那族等印第安人的居住地，1520 年航海家麦哲伦探险到达这里。著名的生物学家达尔文环球考察时曾到达这里。1880 年后由于牧羊业的兴起和金矿的发现，智利和阿根廷开始移民，岛南端的乌斯怀亚为阿根廷火地岛区的行政中心，也是世界最南的城镇。

特殊的地域、神奇的自然和人文景观，吸引了世界各地的旅游者来此观光。为了保护当地脆弱的自然环境和民族风情，阿根廷在这里设立了火地岛国家公园。这是世界最南端的国家公园，充满大自然气息，雪峰、湖泊、山脉、森林点缀其间，极地风光无限，景色迷人，到处充满着奇妙色彩。进园探索游览，沿途山清水秀，生机盎然，还有多种野生动物和珍稀鸟类。这里雨水充足，秋天山坡落叶一片火红，完全保持自然景观的原始风貌。树林中以寒带树木居多，树种不多，且东倒西歪，自生自灭，既有刚刚吐出的青翠，也有早已腐朽的枯枝。路边的许多树枝上常见一种寄生菌，嫩黄色，一窝一窝的。据说当年生活在火地岛的土著印第安人就是采摘这种"野果"充饥的，也因此被称为"印第安人面包"。另有一些枝杈上，长满金黄色的树挂，仿佛一盏盏挂着的灯笼。

▣ 绵延的山峰，清澈的河水，风景这边独好

　　世界上最南端的火车站，位于火地岛国家公园。这个火车站曾经是供犯人们运输木材所用，现在成了博物馆，只不过服务员们依然身穿囚服，让人仿佛回到过去的那段时光里。火地岛国家公园的景色随着山路向上，也不停地变换着风貌：或是一个湖泊，湖水清澈安静，岸边绿草茵茵，湖里倒映出雪山和密林的影子，一切都是那么静谧，只有鸟儿飞过时的鸣叫在提醒游人，这是一个真实的世界。或是山谷幽幽，谷底水流潺潺，水流上的一座木桥将山谷两岸紧密地连接在一起，在谷地的空阔林间，偶尔会有一顶顶帐篷若隐若现，篝烟袅袅。在这里野炊，该是多么美的享受啊！不过带帐篷也不要紧，因为密林深处有旅馆和酒吧，它们的存在给游人免去后顾之忧，可以尽情享受大自然的纯净和原始风情。当你看到森林里面的那座

小教堂，一定会忍不住惊叹：修建者竟然这么贴心！

　　火地岛公园里风景美，但动物种类并不多，它们生活在密林深处。行走林间，仅能看到野鸭和信天翁，以及黑啄木鸟、狐狸、蛙、海豹和海狸，还有南美驼。为了生态平衡，政府又引进了兔子。在这些动物里，海狸是建筑师，它们建沟筑堤，遇河修坝。于是在公园里，随处都能看到截断水流的堤坝，别看这些堤坝都是用树枝堆积而成，却有堵塞河道淹没树林的作用，因此经常可以看到一片片树木枯死的痕迹，这都是海狸的"杰作"。

　　从火地岛公园里出发的阿根廷三号公路，直达阿根廷首都布宜诺斯艾利斯，然后往北顺着美洲大陆西海岸到达美国阿拉斯加州，以北冰洋边上的普拉德霍湾为终点，公路纵

■ 被人们称作"世界的天涯海角"的乌斯怀亚港

■ 这些活动的精灵成为火地岛上的独特景观

贯整个美洲大陆。因为地处南美温带地区，所以，一路上都能看到美洲山毛榉，它们属于典型的南北寒温带树种，在这里长得枝繁叶茂，一望无际。其间也偶尔夹杂着桦树和野樱桃树，不过它们的色调都很沉闷，因此一路上需要注意调节情绪。

火地岛有雪山，有冰川，有湖泊，其中，冰川风光最迷人。在众多的冰川中，面积为数百平方千米的法尼亚诺冰川湖最大，它坐落在群山中，四周密林守护，人迹罕至，因此湖水十分纯净。火地岛的冬天美，夏天更美，日照时间极长，大约有20个小时。想象一下深夜11点才日落，凌晨四五点就日出的景象吧，是不是很奇妙？火地岛的海豹和企鹅是不怕人的，因为保护工作到位，所以也许动物察觉不到人类的恶意吧。而羊和野兔则是你想抓也抓不住的，因为它们才是这里的主人。在比格尔海峡一代，也能看到珍贵的巨大蓝鲸。当然，这里的原住民也是极有特色的，奥那族人是火地岛的土著人，他们过着自由自在的生活，在地上插几根木

棍，搭上马皮遮风挡雨，便是一处居所。

火地岛迷人的景色吸引了无数探险者来此进行户外活动，在这里不但可以观赏到火地岛独有的美丽风景，还能学到许多大自然的知识。

沿途亮点

乌斯怀亚港

乌斯怀亚港离南极大陆仅800千米，这里的设施极为完备，还建有飞机场与外界相通，因此它是包括阿根廷在内的各国的南极考察后方基地，考察所需各种物资都能很轻松地运输到这里来，然后补充给考察船只。除了作为南极考察基地，乌斯怀亚港还有班轮通往阿根廷首都和智利首府。人们将这里称为"世界的天涯海角"，每天都有世界各地的游客乘坐飞机或游轮来此游玩。

Tips

❶ 近距离观看火地岛的冰川时，应保持足够的安全距离，几乎每年都有游人在海上观看冰川被砸伤的报道。

❷ 火地岛的荒原上分布着大面积的沼泽地带，游人前往穿越探险时，最好有经验丰富的向导，地图要尽可能精确，以免陷入草地沼泽之中，发生危险。

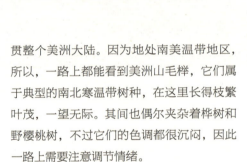

地理位置：中太平洋东部，厄瓜多尔外海
探险指数：★★★☆☆
探险内容：野生动物
危险因素：野兽
最佳探险时间：8—11月

加拉帕戈斯群岛

地球上最孤独的仙境

蔚蓝深海、五色陆地、岩石间、天空里，海狮、海豹、鹈鹕、信天翁、企鹅、反舌鸟、火烈鸟、熔岩鸥……这些天堂的精灵，演绎着生命的传奇。

这片与世隔绝、没有被污染的净土，美得令人窒息

在南美大陆延入太平洋的 1000 千米处，大约有 19 座火山岛，它们组成了加拉帕戈斯群岛，也就是科隆群岛。这里由于生存着一些如巨龟、珍稀鸟雀和陆生鬣蜥等不寻常的物种，因此又被称为"独特的活的生物进化博物馆和陈列室"。当年，查尔斯·达尔文写出的巨著《进化论》，就是以这里的物种进化为基础的。

虽然科学技术高速发展，但科隆群岛依然远离各种发达的交通和科技，一直保持着自然质朴的原始气息，因此，人们称它为"最后的天堂"。

■ 小塔似的岩石和沙利文湾组成的美丽海岸线

　　科隆群岛的形成是极早的，大约四五百万年前，这里海底火山喷发，形成了科隆群岛，但那时它一直在海平面下默默无闻。随着火山灰和熔浆逐渐堆积增高，到了 100 多万年前，科隆群岛终于露出海面。由于这里恰好是秘鲁的寒流和北面赤道的暖流交汇点，因此气候十分独特。热带气候导致这里极为炎热潮湿，而东南面的山坡又将云彩截住。也正是这种独特的气候很适合物种生存，因此这里的陆地动物和海洋动物的种类都非常丰富，适宜寒冬的动物和适宜炎热的动物，都能在这里看到。

　　科隆群岛的动物是不害怕人类的，也许在它们看来，人类也只不过是和它们一样的动物罢了。因此这里成了摄影师们的天堂，他们可以尽情地抓拍动物们的每一个表情和神采：在树梢上鸣叫的橙嘴蓝脸鲣鸟，看见人也不会爬走的莎莉飞毛腿蟹，悠闲度时光的加拉帕戈斯海狮，以及与你对视的信天翁……在科隆群岛上，无论哪一种动物，摄影师们总是能够很轻易地抓拍到它们极富神韵的一面。但由于多云且善变的天气，想要拍一张安静的风景图非常难。

■ 海滩上自由玩耍的大海龟

■ 看摄像头的海狮宝宝

在科隆群岛这个天堂里，每一个物种都在不自觉中实现着自身的进化，虽然这个过程很长，长到很多人都意识不到，但每一个过程都在创造生命的传奇。无论是企鹅、蓝鲸、信天翁、火烈鸟，还是各种植物，自然万物都在创造奇迹。

沿途亮点

伊莎贝拉岛
伊莎贝拉岛有 5 个火山口，全部矗立在岛中央，而且其中两个是活火山，处于活动中。火山灰为这里造就了美丽的风景，因此当地以西班牙女王的名字命名。火山爆发后，喷发出的火山灰积淀成肥沃的土地，土地上长满各种藤本植物、草被植物和兰花草等，更有繁茂的密林覆盖整座岛屿。游客既可以进到林间去探险，也可以静坐欣赏别有风情的火山的壮丽。

圣克鲁斯岛
圣克鲁斯的火山口很深，也很著名。一般来说，火山喷发后，轻则毁灭田地，重则夺人性命，因此人类一向对于喷发的火山敬而远之。但加拉帕戈斯群岛上的火山喷发不会让人恐惧，不仅如此，每当火山喷发之时，人类还会从四面八方涌来，争相观看火山的威猛气势，熔浆的炙热和红艳，那壮观的场面，是别处根本无法看到的。

雀科鸣鸟
科隆群岛上的雀类是小精灵，它们激发了达尔文的灵感，才有了《进化论》的诞生。这些鸟的祖籍其实是南美洲，当它们飞抵科隆群岛后，发现这里的气候完全适合它们的生存，于是便在这里栖息繁殖。之后雀类也逐渐进化成 13 种不同的品种，它们的区别在于饮食、叫声、羽毛颜色和行为等方面。

Tips

❶ 科隆群岛夏天属于大陆性气候，最高温度也可以达到 40℃，虽然持续时间不长，但是阳光通常比较强烈，墨镜必不可少。

❷ 所有水上活动均存在一定危险性，游人应根据自身的健康情况来确定是否参与。

地理位置：北美洲东北部，北冰洋和大西洋之间
探险指数：★ ★ ★ ★ ☆
探险内容：北极熊、浮冰
危险因素：严寒、冰山
最佳探险时间：6-8 月

格陵兰岛

★ ★ ★ ★ ★ ★ ★ ★ ★ ★ ★ 冷艳绝伦的冰雪王国 ★ ★ ★ ★ ★ ★ ★ ★ ★ ★ ★

千里冰封、银装素裹，却有个"绿色的土地"这极富诗意的名字。

名字是会骗人的，如"格陵兰岛"，在丹麦语中，它的字面意思是"绿色的土地"，但来到这里，你会发现它的真实面貌是"千里冰封，万里雪飘"。之所以这片银装素裹的陆地享有这般春意盎然的芳名，是因为一个故事：相传，公元 982 年，一个挪威海盗划着小船，从冰岛出发，想要看一看海的另一面，没想到，他来到了格陵兰岛的南部后发现了一块很小的水草地，他非常喜爱，因此，回到家乡后，他骄傲地对朋友宣布自己发现了一块绿色的大陆。于是，格陵兰便成了它永久的名字。

格陵兰岛位于北美洲的东北部，在大西洋和北冰洋之间，是世界上最大的岛屿。因为地理位置的缘故，岛上大部分被冰雪覆盖，尤其是中部、东部和北部，厚厚的冰川构成了格陵兰岛别具特色的风光，西部和南部则生长着一些碧绿的草甸，中间间或夹杂着黄色的罂粟花或紫色的虎耳草。这是一个存在巨大地理差异但又美丽异常的岛屿。

格陵兰岛没有热带岛屿的旖旎风情，但大片冰川和珍贵绿草具有了寒冷之外的另一

鲜艳的小木屋点缀在皑皑白雪中，给冰冷冷抹上一丝暖色

种美丽。这里的居民有 260 天生活在极昼与极夜之中：每年的 5 月，可以终日与太阳拥抱，而到了每年的 7 月，则终日与黑夜做伴。冬日，没有了太阳的拥抱，月亮给你同样的陪伴。在沉沉夜色的笼罩下，一轮明月高高地悬挂在空中，它离你如此之近，以至于可以用肉眼清晰地看到月球表面的地形轮廓。上帝不会给你厌倦这里的机会，持续数月的极光将这里装点成美丽的冰雪仙境，五彩缤纷地喷射向天空，照亮了整个天际，使五彩的房屋多了一份绚丽和奇异，好像手持彩绸

■ 积雪中的爱斯基摩村，五彩的房子让人倍感温馨

的仙女在翩翩起舞。而到了夏日，这里成为真正的日不落岛。若是幸运，看到了格陵兰岛美丽的霞光将整个天空映得通红，那红艳而无限变化的霞光足以震撼你的双眼。其实，这并不是真正意义上的晚霞，而是太阳落山后的光芒通过折射，将整个天空铺满，应该说这是阳光的重生。

除去极光，格陵兰岛还有沉积了几个世纪的厚厚冰川。若想要一睹它们的真容，或在白雪苍茫的日子，选择狗拉雪橇在冰天雪地中飞奔，迎着寒风，虽然冷得直打战，但那种美丽让人感动，让人泪眼盈盈；或在暖和的日子里，租一艘船，穿梭在冰河里的巨大浮冰之间，这时的天与地无限延伸，连在了一起，一片安静中只剩下自己的呼吸。

在格陵兰岛很容易感动，这里的一切在

寒冷的空气中自发地渴望着温暖，无论是善良、朴实的因纽特人，还是色彩缤纷的房子；无论是栖息在浮冰之上的一只小鸟，还是生长在西部和南部的绿草、鲜花，孤独和热情中都在张扬着一种希望。这，才是格陵兰岛真正的魅力所在。

■ 狗拉雪橇是这里主要的交通工具

■ 冰峰和融化的冰块漂浮在冰川上，令人望而生畏

伊卢利萨特

格陵兰第三大定居地，在格陵兰西岸的中部，有 4000 多人在此居住。附近有绚丽的伊卢利萨特冰峡湾，有著名极地探险家克努兹·拉斯穆森的纪念博物馆，是格陵兰有名的旅游地。

爱斯基摩村

位于最著名的伊卢利萨特冰峡湾的塞摩米特山谷里，是古老的因纽特人居住的村落，2004 年，它被收录在联合国教科文组织的《世界遗产名录》中。这里历史悠久，保存着古时的文化遗址，在这里，你可以更好地了解欧洲人踏上这片土地之前的历史和习俗。

努克

格陵兰的首府，也是格陵兰岛上最大的港口城市，面积为 10.5 万平方千米。原名戈特霍布，有"美好的希望"的意思。1979 年实行地方自治后，这座城市正式名为"努克"。

Tips

❶ 一定要品尝当地的传统饮食：水煮海豹肉，北极虾洋葱炒蛋也不容错过。

❷ 格陵兰岛纬度较高，即使是在夏季来游玩，也不要忘了准备防寒鞋和毛衣外套。

■ 绚丽多彩的北极光浩瀚、神秘，令人顿感人生渺小，宇宙无限

索科特拉岛

外星生命的诞生地

现代文明跟它毫无瓜葛，它与大陆板块已经隔绝 1800 万年。

◘ 纺锤树生长在南美洲的巴西高原上，远远望去很像一个个巨型的纺锤插在地里

若要在地球上寻找疑似外星人生活的地方，索科特拉岛必定榜上有名。相对于世界上的其他岛屿，索科特拉岛的旅游业发展很慢。但在古代，这座小岛却是很多人心中的宝地。早在远古时期，古印度人就不断从这座岛上获取乳香、龙涎香等珍贵药物，古埃及人则经常从岛上购买乳香，用来制作木乃伊，在他们眼中，索科特拉岛

就是一座神奇的岛屿。今天，索科特拉岛渐渐褪去这些神秘、遥远的色彩，用它的独特魅力吸引着更多的人前来观光。

岛上气候炎热干燥，十分恶劣，正因为如此，这里生长着700多种奇特珍稀的动、植物，其中1/3的物种为索科特拉岛所独有。在岛上，你可以看到外观独特的索科特拉龙血树，它的树冠茂密，好像倒转的雨伞，它的枝叶茂密，四季常青，树汁呈深红色，可用于染料、医药，非常神奇。这里将会打破你对植物的一些成见，比如，植物的生长不一定需要土壤。在悬崖边生长的沙漠玫瑰，它们的根直接嵌进石头里；树干粗短，非常适合抵挡季候风；树皮如橡胶一样，闪闪发亮；枝干顶端则长出漂亮的粉红色花朵，为这片荒芜的大地点缀着美丽的色彩。除了这些神奇植物，岛上还是动物的乐园。这里是鸟类的天堂，拥有将近200种鸟类，其中有

10种是该岛所独有的。还有与食肉甲虫一起爬到树上躲避酷热的蜗牛，四处爬行的变色龙，在南部海岸的峭壁上安家的茶隼……

正是因为这些神奇珍稀的动、植物，才使得荒芜恶劣的索科特拉岛成为"印度洋上的加拉帕戈斯群岛"。这里的天依旧蔚蓝，大地依旧广阔，若是厌倦了岛屿的千篇一律，这里会给你不一样的感觉。

这座宝岛一直以来被人们称为"印度洋上的处女岛"，之所以这样说，是因为岛屿之前因战略位置被其他国家占领，西部海岸上那些苏式坦克在默默诉说着当初被作为海军基地的辉煌，而它们身上的斑斑锈迹又说明了历史的久远。因为这个原因，岛屿一直处于未开发状态。岛屿上处处透着原始的气息，但也正是这股气息，让人们拥有了极大的探险欲望。

▶ 龙血树墨绿色的带状叶片片集中生于枝顶，青翠欲滴，生机勃勃，整个树冠非常美丽

■ 索科特拉岛拥有宽广的沙质海滩和遍布全岛的石灰岩层

沿途亮点

哈吉尔山脉

远古时期的火山运动形成了海拔 1500 米的哈吉尔山脉。山顶是险峻的花岗岩，崎岖高耸，寸步难行。因气候适宜，所以这里的植物种类十分丰富，有很多植物品种在亚洲别的地区几乎看不到。

阿锐赫白沙山

索科特拉岛最东端，有一座洁白的山，名为阿锐赫白沙山。白沙山的形成要感谢风，因为这里每到季风季，风力会大到能够把海里的白沙吹出来堆积到一起。天长日久，便形成了白沙山。白沙山后面有一个泉眼，泉水终年流动，汇集成一条小溪，将白沙山和海岸分开来。溪水十分清澈，因为水质好，所以溪边沿岸长满水草。能在干旱的索科特拉岛上见到碧绿的草地，也是一种奇特的景观。

卡伦西亚达特瓦潟湖保护区

索科特拉岛西部的卡伦西亚市里，有一个以潟湖著称的保护区，名为卡伦西亚达特瓦潟湖保护区。潟湖有两个特点：一是湖水会因潮水起落而变幻莫测，二是湖边聚集着许多海洋生物。因为潟湖和大海之间仅隔着一条白色沙滩，每次海水涨潮时，都会带上来许多小动物，如海星、

海胆、海参和小鱿鱼等。但退潮时，这些小动物无法及时跟随潮水回落，于是便滞留在了潟湖边上。

Tips

❶ 岛上开发程度低，虽然住宿条件不太好，但可以切身体验一下没有任何现代设施的原始生活。
❷ 一路风尘抵达目的地以后，跳进山谷中的天然泳池游泳非常舒服。

■ 炎热干燥的气候致使这里生长着全球最奇特的植物，颠覆了人们脑海中所有对"正常"景色的印象

地理位置：大安的列斯群岛最东部
探险指数：★★★☆☆
探险内容：攀岩、漂流
危险因素：巨浪
最佳探险时间：全年

波多黎各岛

* * * * * * * * * * * * **极具速度感的征服** * * * * * * * * * *

　　波多黎各是一个多火山的热带火山岛国，有着不同的地形地貌，既有热带雨林，也有沙漠、岩洞和地下河，同时，她亦设法保持了她昔日的魅力和好客的性格。

▶ 波多黎各岛的海水是那种层层叠叠的蓝，干净而温柔

　　对于喜爱享受海洋冒险的人来说，加勒比海的波多黎各岛是个值得推荐的地方。

　　波多黎各岛位于美国的大安的列斯群岛最东部，拥有常年高于 20℃的气温，崎岖的山脉从东到西横穿岛中央。岛的北部，湍急的河流滋润着浓密的植被。而被阳光烘烤的南部地带，是很多奇异鸟类繁衍生息的家园。

　　世界上最漂亮的海滩，非波多黎各莫属了，一眼望不到头的海岸线为这里增色不少。

形态各异的海滩，给了人们无穷的选择，你可以找到适合做任何级别的海滨活动的沙滩。阳光、海风、沙滩，这里无疑是最适合散心的地方。

　　特别的沙滩很多，其中里肯湾海滩位于岛上最西端的一个遥远的角落，独特的地理位置让它成为一个欣赏日落的绝佳之地，而"里肯"在西班牙语中就是"角落"的意思。1986 世界冲浪比赛在这里举行，"加勒比海冲浪之都"的称誉也是那时获得的。对于"贪吃"的人来说，卢基利奥海滩是个理想之地，这里美味的食物肯定能让你一饱口福。

　　不管是自驾游还是徒步旅行，攀岩还是皮划艇，那些喜爱探险和喜欢亲近自然的人总能在简单的旅行中找到乐趣。当然，波多黎各的最大乐趣还是水，探险者可以在河边搭帐篷露营，体验水上漂流的速度与激情，游泳和攀爬可以完成另外一种对河流和悬崖的征服。

🔲 透亮的海水被冲上海滩，犹如明镜般映衬着天空，一切都是那么空灵澄澈

喜爱动物的人千万不可错过莫娜岛，该岛位于波多黎各和多米尼加共和国之间，这里的濒危物种多到数不过来，如海龟、红脚鲣鸟、野猪、山羊等，还有神秘的海底世界等你来探索。

另外，波多黎各岛的云盖雨林也很受冒险者欢迎。这里也是美国唯一的热带雨林公园，就像上帝的后花园一样，风格各异的花草树木，似争宠般五彩斑斓，美丽妖娆，莺飞蝶舞，犹如仙境。

沿途亮点

比诺恩斯红树林

是生长在沼泽和潮汐海滨地区的低树林。它距离圣胡安仅仅 20 分钟车程。穿过树林小路，在海滩可以看到圣胡安的地平线、波光闪闪的海湾、生动的沙丘和异域的野生动、植物。

法哈尔多灯塔

位于圣胡安自然保护区之内，是西班牙人于 19 世纪围绕波多黎各建立的众多灯塔之一。这座灯塔是一颗明珠，不仅因为它的环境，还因为它于几年前被保护基金组织修复。

Tips

❶ 天气炎热，注意防暑降温和食物卫生。
❷ 在感受海洋冒险乐趣的同时最好穿上救生衣。
❸ 携带小刀和急救药品，以防野生动物的攻击。

🔲 繁华的圣胡安港口充满热带风情

第六章

火山探秘

火山就像一个巨大的酒杯，

里面装的不是酒水，

而是炙热的岩浆。

这些岩浆一旦喷发出来，

就会形成独特的自然景观，

有时也会变成灾难。

去火山探险，

探险者们必然要面临巨大的威胁和挑战。

左图：火山喷发，炙热的岩浆如波浪般缓慢流下山坡

地理位置：	中国吉林
探险指数：	★ ★ ★ ☆ ☆
探险内容：	火山口
危险因素：	未知的怪兽、毒蛇
最佳探险时间：	6-9 月

长白山

最美丽的休眠火山

"烟云厚薄皆可爱，树石疏密自相宜。阳春已归鸟语乐，溪水不动鱼行迟。"昔日喷涌的火山，如今平息了它的怒火，向人们展示出它美丽的一面。在火山口处，绝美而又神秘的天池，似乎还有怪兽出没。

🔻 沟壑险峻狭长，溪水淙淙清幽，原始自然，风光无限

有人曾赞誉长白山"千年积雪万年松，直上人间第一峰"。因为在数不胜数的名山中，长白山的纬度是最高的，它虽然很冷，四季却非常分明。这让它成为人们眼里的神奇之地，让世人瞩目。每当晴空万里的时候，游人们便纷纷站在天池边，欣赏这座独特的山峰。

长白山有"关东第一山"的雅称，无论是高耸的山峰，还是秀美的密林，无论是茫茫的林海，还是跌宕的群峰，都让人沉醉。

长白山的林木很多，但最让人喜欢的还是美人松。美人松，顾名思义，形如美人，那高挺的树干宛如美女娉婷的腰身，那墨绿的松针配上暗红的枝干，犹如美女的绿色裙装和打底的衬衣。它们俏然而立，迎接每一位来到长白山的游客。

长白山的地貌景观十分壮观，这完全得益于它是休眠火山，经过一次次喷发，才最终形成今日这般巍峨的模样。长白山上的天池名扬天下，它占两个"最"：中国最大的火山口湖，世界海拔最高的火山口湖。因此有人说，所有游客都是因天池而来长白山的。天池在长白山的主峰顶部，湖水向山下倾泻形成火山湖瀑布，天池瀑布的上下落差是世界上最大的。站在瀑布下端仰望，只见湖水如白练从天而降，终年不断。巨大的水流落到谷底，发出震耳欲聋的巨响，同时也溅起无数水花，雾气蒙蒙，在迷蒙中，让人忘记世俗的一切。长白山上瀑布众多，但唯一能与天池瀑布媲美的是锦江瀑布，它位于冠冕峰南侧，与天池瀑布遥相呼应，那一冲而下的巨流让人心惊胆战，十分壮观。

除了天池和瀑布，长白山的温泉也十分有名。这里的泉水能够驱寒祛病，舒筋活血，对关节炎和皮肤病等有奇效，因此一直以来都被人称为"神水"。游客们到了这里，都会泡一泡长白山温泉，无论攀登长白山有多么疲乏，只要在温泉里泡一泡，就会很快恢复体能。

一直以来，长白山就因其雄浑的气势和原始古朴的内涵，被人们赋予了"长相守、到白头"的美好寓意，而这个寓意也让人们更加喜欢长白山。

■ 栖息于林海的珍禽异兽，活泼可爱

沿途亮点

长白山大峡谷

长白山大峡谷位于长白山深处，这里人迹罕至，但只要到过这里的人，无不称赞这大自然开办的神奇艺术展：峡谷两侧山势陡峭，却覆盖着繁茂的原始森林。除了森林，冰缘岩柱也是峡谷里的一大亮点，它们多姿多彩，十分壮观。而熔岩林千姿百态的独特造型又让游客眼前一亮。

长白山地下森林

长白山海拔最高的景区是天池，海拔最低的景区是地下森林。这里铺满苔藓，处处透着神秘的韵味：呼吸着清新的空气，漫步在原始森林中的小路上，那巨大的石块，参天的古木，甚至脚下厚实松软的苔藓，都在提醒你：人类是多么渺小。

漂流

长白山松花江"第一漂"，位于长白山境内，两岸风景优美，空气清新宜人，在这样的水面上漂流，是十分美妙的体验。

Tips

❶ 夏季去长白山不要使用雨伞，在高山地区容易引雷。

❷ 每年 9 月 15 日之后是长白山保护区的防火期，在此期间禁止野外用火。

❸ 因为地形较复杂，出发前最好购买旅游意外保险，确保发生意外能得到及时救助。

■ 瀑布自峭壁奔腾而下，在青葱植被的掩映中，动静相宜，美不胜收

帕里库廷火山

回顾历史的灾难

在 9 年里持续不断的喷发中，火山终于摧毁了一座村庄——帕里库廷村，但是这让人们有幸看到千载难逢的奇观——火山的诞生过程。

帕里库廷火山距离墨西哥城以西约 320 千米，是北美洲最年轻的一座火山，也是世界上较为年轻的火山之一。火山爆发的奇异景象被人们称赞为"世界七大自然奇观"之一。帕里库廷火山的名字因其附近的帕里库廷村而得名。

这是一个十分罕见的地理奇观，哪怕过去了 70 年，但只要提到这座火山，见证它从无到有的过程的迪奥尼西奥·普利多的后人们依然激动不已。试想有几个人能在一生中看到一座火山从无到有的形成过程呢？

事情还要从 1943 年 2 月 5 日说起。那天，帕里库廷村的农民迪奥尼西奥·普利多带领妻儿在玉米地里劳作，然后他意外地发现了田地里出现一个大洞。迪奥尼西奥·普利多以为只是塌方，也没有在意，还和妻儿搬来石头试图堵塞它。

但 5 天后，他发现洞里喷射出火山灰，岩浆随后也流出来。迪奥尼西奥·普利多这才惊恐地意识到火山喷发了。他连忙告诉村民们这个危险，然后全村人都逃离到安全的

◘ 帕里库廷火山遗址，喷涌的岩浆重塑了这片土地

地方。火山灰快速喷发堆积，一天时间便高达 50 米，一个星期后就增长到 100 米的高度。附近的圣胡安村也受到了威胁，村民们只好和帕里库廷村的村民一起逃离了家园，任火山灰覆盖了自己的房屋和村落。

火山并不因村民的退让而罢休，它不间断地喷发，一直到 8 年后，才改成断断续续地喷发。而这 8 年的喷发足以让帕里库廷成为一座巨大的山体。人们就这样眼睁睁地看着火山灰一点点堆积，直至 1952 年 3 月 4 日，火山终于停止喷发，成为一座死火山，

▣ 莫雷利亚大教堂

▣ 火山喷发时，炙热的岩浆直冲天际，天空美丽无比

人们这才有机会登上山顶去丈量它的高度，并最终得出精确的数字：帕里库廷火山海拔3170米，山峰最高处为457米。帕里库廷火山的形成引起无数记者和科学家们的兴趣，他们纷纷来到这里研究和探测这座在人们眼皮下诞生的山峰，并估算出火山形成的9年时间里喷发出的熔岩大约有10亿吨，仅冷却后形成的火山岩层就厚达2～35米。

许多艺术家也把这里视为他们创作的灵感来源，他们根据帕里库廷火山的形成，创作了无数作品。

沿途亮点

莫雷利亚大教堂

17世纪，墨西哥的莫雷利亚市尚处于西班牙殖民时代，当政者下令修建一座高大醒目的建筑，于是便有了莫雷利亚大教堂。设计者对每一个修筑工序都细致询问，因此这座教堂用了84年才完成。大教堂落成后，很快便引起墨西哥建筑业的惊叹，大教堂在丘里格拉风格里完美地融入巴洛克风格，因此成为墨西哥殖民建筑的经典之作。

克拉维赫罗宫

17世纪，莫雷利亚市修建了另一座著名的建筑：圣弗朗西斯科·哈维尔学院。这座建筑是纯粹的巴洛克式园林，占地面积十分庞大。同样壮观的还有圣弗朗西斯科·哈维尔教堂。到了19世纪，圣弗朗西斯科·哈维尔学院改成了米却肯州议会所在地，直到现在，州政府的一些部门依然在这里办公，而圣弗朗西斯科·哈维尔教堂则改成了米却肯州州立大学公共图书馆。

莫雷利亚市的拱桥高架水道

莫雷利亚市区有一条粉红色石块修筑的拱桥高架水道，这是18世纪政府为了缓解市区的旱情修建的，至19世纪末停止使用。拱桥高架水道长5000米，在市区蜿蜒盘亘，宛如一条石龙，气势十分恢宏。现在高架水道成为市区的重要标志，也是游客必看的一处景观。

Tips

❶ 在外旅行财物被盗的事件时有发生，必须注意不要携带大量现金。

❷ 墨西哥人生性开朗，喜欢和异性搭讪，游客不予回应和避免眼神接触是明智的做法。

❸ 注意预防高原反应和高温不适，应随身携带帽子、墨镜和防晒霜。

地理位置：菲律宾吕宋岛东南部
探险指数：★ ★ ★ ★ ☆
探险内容：火山景观
危险因素：火山喷发
最佳探险时间：夏季

马荣火山

★★★★★★★★★★★ 最完美的圆锥体 ★★★★★★★★★★★

当你来到马荣火山面前，你会惊诧于它完美的圆锥体造型，不得不对大自然的神奇能力臣服。这座火山至今仍在喷发，喜爱火山的人，可以前往参观。

缥缈的云雾围绕着山顶，时而掠过，时而逗留，阳光从云雾中穿透下来，给山尖洒上一层淡淡的光辉，山因云雾和阳光而变得妩媚起来。

当最后一片遮掩的云彩飘走时，我们终于看到了它的面目。滚滚的白烟从尖顶喷薄而出，随着大气的流动，向远方飘散……

马荣火山是世界上轮廓最完整的火山，有"最完美的圆锥体"之美誉。在历史上，马荣火山曾多次喷发，并造成过人员伤亡。最近一次事故发生在 2013 年的 5 月，虽然当地政府采取了行政措施，强制命令当地居民转移，但是依然有 5 人死亡，7 人受伤。

喷发过后，人们依然会留在当地继续生活。马荣火山喷发虽然给人类带来了灾难，但是遗留下来的火山灰却成了丰富的营养物质。当地的农作物长势非常好，往往都能获得丰收。但菲律宾政府会在马荣火山有爆发的迹象时疏散当地居民。

■ 从不同的角度都可以看到马荣火山的英姿，在夕阳下充满了神秘的色彩

谁也没有想到，爆发的马荣火山为莱加斯皮市的旅游业带来意想不到的效益，无数火山爱好者、探险家和科研人员从四面八方蜂拥而来，市里的酒店和旅馆很快就爆满了。这出人意料的游客爆满让当地的旅游局开心得合不拢嘴。为此，观光部副部长说："马荣火山爆发，从另一个角度来说，不是坏事。"

智者乐水，仁者乐山。在千变万化的自然之道中，水是不停流动的，山通常是静止

❒ 马荣火山有着近乎完美的圆锥形山体

的。然而对于火山来说，它拥有暴烈的脾气，一旦发火，则惊天动地。我爱水之柔，山之刚。水之柔能载万物，山之刚能不为外物所驭。

背靠着马荣火山，向远处望去，在苍茫的大地尽头，太平洋静静地铺展开来……

❒ 马荣遗址公园里保留下来的钟楼

沿途亮点

马荣遗址公园

1814 年，马荣火山喷发，大量的熔岩湮没了这座小城。人们纷纷逃到这个地方，祈求上帝的救赎。然而，无情的熔岩还是夺走了他们的生命。这次喷发造成了至少1200 人死亡，只剩下一座孤零零的教堂钟楼和背后无尽的原野。

吕宋岛

吕宋岛是菲律宾旅游的起始地，这里拥有大量的景点。有以急流和瀑布著称的百胜滩，有湖中有山、山中有湖的塔尔湖，有"夏都"之称的碧瑶，还有拥有世界最大人造灌溉系统的巴纳韦高山梯田。

Tips

❶ 当地以菲律宾语和英语为主，会一些简单的英语就可以在旅游地与人交流。

❷ 菲律宾人收小费，但是不要支付硬币。

地理位置：俄罗斯堪察加半岛

探险指数：★★★★☆

探险内容：火山喷发景观

危险因素：火山喷发

最佳探险时间：4、5 月，9、10 月

克柳切夫火山

十年之约的喷发

　　大约和谁有个约定，克柳切夫火山几乎每隔十年就要点燃起自己的灯火，去告诉约定的人，自己在等待着。然而，"闲敲棋子落灯花"，约定中的那个人却没有到来。愤怒的克柳切夫火山把燃烧的岩浆倾倒出去。怒火一过，它又会在原地继续等待。

　　对于爱好探险的人来说，去近距离观看活火山是一个不错的主意。堪察加半岛是俄罗斯最东端的土地，在这里分布着众多的火山，其中克柳切夫火山是欧亚大陆最高的火山，也是世界上最活跃的火山之一。在当地居民眼中，所有火山都是神圣的地方。火山是神创造世界的地方，神创造世界的行为如果不停止，则火山活动就会一直延续下去。

　　2010 年 10 月 28 日，克柳切夫火山大规模喷发，火山灰侵入附近的小镇，致使当地学校停课，商业活动暂停，居民活动受阻。火山灰喷涌上升，烟雾遮掩了天空。沸腾的熔浆在火山口翻滚，壮观而又惊心动魄。火山喷发结束后，一切又恢复了平静。当火山灰落下，没有尘雾的遮挡，太阳也露出了笑脸。远观克柳切夫火山，它似乎熄灭了怒火，而显得萎靡不振。正如人类一般，爆发结束后精疲力竭，进而选择进入睡眠。

　　租用一架直升机去近距离接触火山。直

■ 看似积雪堆满了山峰，冰冷异常，其实克柳切夫火山是世界上最活跃的火山之一

升机从彼得罗巴甫洛夫斯克市升空，向西南飞去。半岛气候多变，忽然云雾漫天，不得不延迟起飞。山岚散尽，从窗口向外看，草原、森林、火山遗迹尽收眼底。天空很蓝，白云很少。不久飞达思慕克火山口后，可以看到火山口的积雪已经融化，形成一个大湖泊。湖中倒映着白云，分外美丽。虽然除了飘逸的白云，这里显得特别死气沉沉，然而

■ 堪察加半岛有开阔的地平线和沉郁的色调，一切像是从俄罗斯的伟大音乐里走出来的

■ 海边玩得不亦乐乎的棕熊

这只是喷发前的宁静。直升机不敢靠近，只能远远地观看。

忽然，一阵浓烟升起，一团一团在空中翻滚，四处扩散。一刹那，整个山头都被浓烟掩埋。浓厚的火山灰遮挡了视线，只能隐约看见红色的岩浆喷射出来。此时此刻，心情异常激动，这相比于远远看火山的喷发要震撼得多。

当地还有一个火山研究博物馆，从此处可以了解到克柳切夫火山大约形成于7000年前，因一次猛烈的喷发，火山高度由海拔4850米降低到4750米。自从形成一座火山以来，它几乎每隔十年就会喷发一次，规模大小不一。当火山喷发时，大量的火山灰飘到高空，高度可达千米。如今，克柳切夫火山每年都会产生大约6亿吨的火山物质，占所有火山喷发物的2.5%。

如今克柳切夫火山已进入了睡梦中，下一次苏醒不知是什么时候，但是，时间不会太长，因为它还有一个十年之约。

沿途亮点

堪察加半岛

俄罗斯最大的半岛，岛上植被茂盛，动物繁多。地壳不稳定，火山活跃、地震频繁。半岛上人烟稀少，已开发的部分也很少。当地居民以俄罗斯人为主，经济以海洋渔业及捕猎海兽、鱼类加工、木材加工为主。在半岛上可远观克柳切夫火山喷发的景象。

韦孔间歇泉

在堪察加半岛上有很多火山，火山附近有间歇泉，间歇泉水把火山岩染成不同的颜色。韦孔间歇泉是比较大的一处间歇泉，它喷出的沸水与蒸汽柱高达49米，每隔3小时喷射约4分钟。

Tips

❶ 当火山处于喷发期时，遵守当地政府的命令，远离火山。

❷ 堪察加半岛上可参加狩猎活动。

地理位置：日本本州中南部

探险指数：★ ★ ★ ☆ ☆

探险内容：自然景观

危险因素：火山喷发

最佳探险时间：7、8 月

富士山

沉睡的浪漫火山

当樱花盛开之时，浪漫的爱情也悄然来临。或者，在樱花飞舞的季节，带着心爱的她，踏着樱花，在林间追逐嬉戏。或者，可以邀三五好友，在樱花树下，一边品酒，一边畅谈人生。或者，摆上一地美食，合家欢聚，一起吃饭、赏花。

■ 富士山的白和樱花的粉完美交融，天地间只剩下纯净

富士山虽然不是一座海拔很高的山，但它却是日本第一高峰，也是世界上最著名的活火山之一，目前处于休眠状态。山峰高耸入云，山顶白雪皑皑。它被日本人民誉为"圣岳"，是日本民族的象征。富士山整个山体呈圆锥状，一眼望去，恰似一

▣ 七彩灯光照亮了夜空下的横滨

把悬空倒挂的扇子，日本诗人曾用"玉扇倒悬东海天""富士白雪映朝阳"等诗句赞美它。

大约在亿万年前，由于地壳运动，富士山隆起，逐渐形成山顶直径约 800 米、深度 200 米的火山口。据说在空中鸟瞰富士山则如一朵绽开的莲花般美丽，不过那是极少数人才能有幸亲身领略的一种风貌。在之后的岁月里，富士山多次喷发，火山喷发物层层堆积，形成了典型的层状火山。现在，富士山虽然处于休眠状态，但是依然会偶尔喷出一些气体。

在富士山的北麓，因为火山的喷发而形成了富士五湖：山中湖、河口湖、西湖、精进湖和本栖湖。其中山中湖是最大的一个，它以夏季娱乐活动闻名，可露宿野营。冬天，还可在此享受垂钓若鹭鱼和淡水胡瓜鱼的乐趣，也可以滑冰。因为此处拥有完备的服务设施，所以一些学校的体育俱乐部将它视为理想的训练场所。河口湖则因其出入便利成为观赏富士山周围美景的最佳地点。春天，从河口湖北面观赏到的富士山倒影和樱花盛开的胜景是日本美景的象征。最宁静而幽雅的当属西湖，青椵树海森林已在湖西岸静静地陪伴了它几个世纪。精进湖是五湖中最小的一个，至今人们可观察到岩浆流的遗迹。它的西南面有座叫作"乌帽子岳"的全方位观景台，登台环顾四周，景色宜人。本栖湖为五湖中之最，以水深且透明度极高而著称，其湖水的温度从未低于 4℃，湖面终年不结冰，呈深蓝色，透着深不可测的神秘色彩。

富士山的南麓是一片辽阔的高原地带，绿草如茵，为牛羊成群的观光牧场。山的西南麓有著名的白系瀑布和音止瀑布。白系瀑布落差 26 米，从岩壁上分成 10 余条细流，似无数白练自空而降，形成一个宽 130 多米的雨帘，颇为壮观。音止瀑布则似一根巨柱从高处冲击而下，声如雷鸣，震天动地。

无论如何，来到日本，千万不要错过富士山。

▣ 以富士山为背景的红色宝塔，在樱花的映衬下，更显亮丽

■ 皑皑白雪，湖光山色，风景幽美

沿途亮点

云朵预测天气

在富士山顶的众多云朵中，以帽子云和卷云出名。凡是有山的地方，都有这种云。但是富士山上的这种云彩变化多端，还能识别天气。"帽子云覆盖着山顶，一层斗笠就是下雨的征兆。""山顶上方飘着悬浮斗笠，预示着天气晴朗。"

东京

是日本的首都，也是世界级的城市，经济繁荣，观光景点众多，比较有名的景点有东京铁塔、皇居、浅草寺、东京迪士尼乐园、上野公园等。

热海

日本首屈一指的温泉街，这里有很多著名的温泉，如热海温泉、伊豆温泉、汤河温泉和纲代温泉等。在热海温泉街的中心，有喷出大量热水的"大汤间歇泉"，它还是尾崎红叶小说《金色夜叉》的场景地。

横滨

是一座繁荣的港口城市，这里的环境优美，有众多的华人居住，拥有日本乃至亚洲最大的华人街。很多电视剧、电影、动画里的场景都是以横滨作为背景拍摄的。这里还有秀丽古典的日式庭院三溪园，园中树木林立，芳草萋萋，鸟语花香，被誉为"园中佳丽"。

Tips

❶ 富士山在 7、8 月开山，山小屋也在这两个月营业，此时是富士山的最佳攀登时间。

❷ 想登富士山顶看日出的旅客，可以在晚上 9 点多从五合目起步，约凌晨两三点登上顶，然后静待 4 点多的日出。

❸ 富士山缺乏饮用水，山间小屋里的水是利用雨水储存的，必须节约使用，因此上山前最好能自备一些饮用水。

■ 新宿御苑，色彩绚烂、香气芬芳、园艺出众，言之难尽，唯待亲见

地理位置：非洲中东部刚果维龙加国家公园内
探险指数：★★★★★
探险内容：自然景观
危险因素：火山喷发
最佳探险时间：6-10 月

尼拉贡戈火山

最危险的活火山

汹涌的岩浆喷流而下，如同从高处倾泻而下的洪水。它吞噬了一切，任何事物都不能阻挡它的脚步。尼拉贡戈火山打一个喷嚏，戈马市就要遭受一次灾难。在大自然面前，人类显得多么渺小。

❏ 沸腾的熔岩湖，滚滚的岩浆，宛如世界末日到来

尼拉贡戈火山是非洲中东部维龙加山脉的活火山，是非洲最著名的火山之一，也是非洲最危险的火山之一。在尼拉贡戈火山口底部，有熔岩平台和熔岩湖。进入 20 世纪中叶以来，它多次喷发，造成了人类的大量伤亡。

从空中俯瞰尼拉贡戈火山口，你会发现它特别像一口锅。火山口内红色的岩浆翻滚，冒着腾腾热气。拉近距离去看，那种美能震撼你的心灵，让你对大自然顶礼膜拜。当岩浆从火山口流出来，在山体上铺开一幅火红

色的画卷，好像凤凰的尾羽，美丽极了。正如美丽的玫瑰有刺一样，美丽的岩浆也会对人类造成灾难。

在最近一次的喷发中，近 10 万名戈马市人民被迫逃离家园。汹涌的岩浆从尼拉贡戈火山山坡上的 3 个裂口处流出，炙热的岩浆摧毁了大量的房屋，几乎所有的基础设施都遭到破坏，自来水供应减少，很多人无饭可吃。在逃离城市的路上，有很多走散的父母、孩子。

位于刚果民主共和国东部的基伍湖北岸，有一片平坦的岩石，这是火山爆发后遗留下来的痕迹，戈马市便坐落在这片岩石上。戈马市面朝基伍湖，风景十分优美，背靠戈马山峰，山峰上火山风光让人沉醉。站在戈马山峰顶，市区、湖面以及壮丽的火山和洞穴尽收眼底。然而这座城市却很危险，尼拉贡戈火山随时威胁着当地的居民。

如果说尼拉贡戈火山是最危险的火山，那么戈马市则是处境最危险的城市。有科学家担心，戈马市早晚会重蹈庞贝古城被火山

■ 基伍湖的美是深沉的，是那种朴素中的柔和与宁静之美

岩浆淹没的覆辙。现代科学技术已经很发达，依然控制不了火山的喷发，甚至连尼拉贡戈火山何时再次喷发也无法预测。

虽然面临着火山的威胁，但是戈马市依然是一座繁华的城市。漫步在街头，可以看到人群川流不息。火山灰带来了丰富的营养物质，使这里的植物生长得特别茂盛。背靠着粗壮的大树坐下来，看着远处的火山，体会着大自然的神奇，也是一种享受；或者坐在茶馆里，喝着当地生产的茶叶，看着来往的人群，沉浸在宁静之中；或者带着鱼竿，到湖中垂钓，沐浴着阳光，微风吹来，湖面波光粼粼。

旅途中不仅有美丽的风景，也充满了未知的危险。在危险到来之前，尽情地欣赏风景，自由地在湖边垂钓，享受生命旅途的每一刻吧。

沿途亮点

基伍湖
是非洲中部海拔最高的湖泊，由断层陷落而成。湖中有许多岛屿，湖岸多岩石，比较崎岖，湖岸线北部较平直，南

部多湖湾。这里有一个特异的现象，湖水只要一点火就会烧着，这是因为湖底含有大量的沼气。

维龙加国家公园
是刚果民主共和国的天然动物园，公园地处东非断裂带内，四周为环山的天然屏障，霍温第河蜿蜒流过。这里有很多野生动物，人们可以乘坐观光汽车游览。在阿明湖边的渔村里，人们还可以品尝刚钓上来的鲜鱼。

Tips

❶ 携带一些常规药物，如感冒药等。
❷ 尊重当地人的生活习惯。

■ 温馨的黑猩猩母子

地理位置：意大利西西里岛东岸
探险指数：★★★☆☆
探险内容：自然景观
危险因素：火山爆发
最佳探险时间：4、5月，9-11月

埃特纳火山

★★★★★★★★ 喷发次数最多的火山 ★★★★★★★★

数千年来，埃特纳火山一直在燃烧，一直在喷发，那无尽的怒火何时才能熄灭？它在喘息，站在上面你可以感受到它呼吸的频率。

▪埃特纳火山喷发时，遮天蔽日的火山灰覆盖了孤独的黑色锥形山峰

陶尔米纳小镇头顶蓝天，背靠悬崖，面朝大海，有一种"世界混沌，唯我独醒"的孤独感。不过更多的是世外桃源的梦幻，尤其夜里，这种感觉更甚。你看吧，在一望无际的大海边上，星星点点的灯光和天幕上那闪烁的星星交相辉映，让人分不清究竟是在人间，还是在天堂。

白天的小镇非常热闹。走在街上，时常

▪ 陶尔米纳山城最高处的古老遗迹——希腊剧院

可以看到广场上的市民在阳光下沐浴，青少年嬉笑着从街道一头溜到另一头，老年人则三五成群围坐在一起诉说着生命的美好。这里的房屋是中世纪的，窗户和阳台上都摆满了鲜花，非常迷人。

走在小路上，两旁是油橄榄树。郁郁葱葱的树木遮掩了阳光，小路笔直，一眼可以看到尽头。可是走起来，却没有看到的那么短。走出小路，在阳光中穿行。来到小镇的中心，这里汇集了很多咖啡馆和餐馆。在这里可以看到埃特纳火山，火山口喷发着烟雾，白茫茫的一片。在云雾缭绕中，埃特纳火山若隐若现。埃特纳火山是欧洲最高的活火山，在希腊语中的意思是"我燃烧了"。在历史记载中它喷发了 500 多次，是世界上喷发次数最多的火山。

点一杯咖啡，慢慢品味浓郁的香气，细细品味苦中甜，甜中苦。透过窗户，偶尔看到意大利女郎从窗外走过，惊艳于她美丽的身姿和从容不迫的脚步。喝完咖啡，去圣朱塞佩教堂坐坐，聆听上帝的教诲，并忏悔自己曾经的过错。饿了，还可以去吃口味不错

的海鲜料理，或者点一道意大利面配合着其他菜肴，大饱口福。

既然到了这里，那么一定不可错过木偶戏。这里的木偶做工考究，不但形体大，而且服饰也很精美。尤其是那武士木偶的服饰，战袍的鲜艳明亮配上亮晶晶的金属盔甲，十分华贵。虽然只是一个木偶，但穿上这套服装，自然就透出一股威严的气势来。操作者们的技术很高，在缓缓的音乐声中，他们提起线左右摆动，木偶便也做出各种剧情动作来，操作者们的动作有多么娴熟，木偶的动作就有多么自然。欣赏完木偶戏后，还可以买一只木偶来做纪念。在街头小摊上，在商店

▪ 埃特纳火山常年积雪，但山脚不受火山熔岩的影响，铺满了茂密的植被

■ 意大利西西里岛东部的埃特纳火山，呈现出一种静谧

里，都能看到木偶的身影，它们整齐地排列在架子上供人挑选。

　　游览完小镇，你还可以去看埃特纳火山。粗看之下，埃特纳火山和其他火山没什么两样，因为海拔高，山顶有积雪也很正常。当仔细观察的时候，你会发现，地下的火山灰就像铺了一层厚厚的炉砟，凝固的熔岩随处可见。站在火山之巅，你能感觉到火山呼吸的震动，仿佛火山有了脉搏一样，这种感觉非常奇妙。

　　2013 年 11 月 11 日，埃特纳火山也不甘寂寞，点燃"香烟"，在蓝天的映衬下，"吐"出完美的旋涡环形蒸汽圈，有的直径长达数百米，这些"烟圈"还会随强风不断向周围移动。

沿途亮点

西西里岛

盛产葡萄酒的西西里岛，是意大利美丽的源泉。这里的自然风光让人沉醉，而人文景观又让人流连忘返。最神奇的是，人文景观和自然景观很完美地融合在一起，所以说它代表着意大利最美丽的一面。在地中海众多的岛屿里，西西里岛面积最大。出产的加登内酒被评为意大利的最佳白葡萄酒，算是意大利的特产之一。

卡塔尼亚

它是意大利港口城市，始建于公元前 8 世纪，曾是罗马帝国时期最繁荣的城市。后为地震所毁，18 世纪重建。它附近有优良的海滩，是冬季游览的胜地。

陶尔米纳

既可以欣赏伊奥尼亚海的风光，又可以观看埃特纳火山的景色。它拥有亮丽的沙滩，时髦的服装设计商店，豪华的旅馆，一流的餐厅。这里的房屋大多是中世纪的，窗户和阳台上都种满了鲜花。

Tips

❶ 意大利人约会不守时，应当注意。

❷ 在交谈中，不要讨论美式橄榄球和政治。

❸ 无论男女，不准穿短裤、短袖等去教堂或天主教博物馆参观。

■ 梦幻西西里岛，一个真实的美丽童话

维苏威火山

★ ★ ★ ★ ★ ★ ★ ★ ★ ★ ★ 暂时睡着的火山 ★ ★ ★ ★ ★ ★ ★ ★ ★ ★ ★

当它苏醒之时，愤怒的大火冲天而起，无尽的灰尘在天空弥漫，阻挡了太阳的光照。这些灰尘落在被灌满熔岩的庞贝城上，成了一张巨大的裹尸布。维苏威火山喷完怒火，再次陷入了沉睡。

维苏威火山至今依然活动着，但人们仿佛早已习惯了和这座活火山相互依存，那山脚下的小村庄便说明了这一点。小村庄有高速公路通往外界，路边是一栋栋漂亮的白色小屋，在碧绿苍翠的林间时隐时现，而小轿车也在公路上悠然行驶，仿佛危险并不存在一般，一切都是那么宁静美好。

但人们怎么可能忘了那一夜之间被火山吞噬的庞贝！在意大利西南部那不勒斯湾东海岸，在意大利半岛西侧的第勒尼安海滨，维苏威火山就像是一头盘踞在那里的雄狮，似醒非醒，睡着的它是那不勒斯和庞贝的守护神，它肥沃的土地养育着这里的人们。一旦它醒来，就会将这片土地吞入口中，庞贝便是最好的例证。

从空中俯瞰维苏威火山，可以看到一个圆形火山口，十分漂亮。但想要亲近它，还是要沿着公路到山上去。随着四周的岩石裸露，火山灰堆积，逐渐呈现出满目荒凉。相传以前火山口四周的悬崖峭壁上长满各

🔺 看似沉静的维苏威火山，就像是一颗定时炸弹，刺激着意大利人的神经

种不知名的树木和草藤，而底部却光秃秃的。但现在去看，就连火山顶都是光秃秃的一片了。

到了徒步登山处，下了车，可以看到有人售卖地图。其实，沿着脚下的路就能到达山顶，地图是为那些从不同路线上山的人准备的。

🔲 由于被火山灰掩埋，庞贝古城内房屋保存比较完整

此山并不如你想象的那样难以攀登，即使不常登山的人也能轻松地登临山顶。上有小商店，可以提供饮料、食物以及纪念品。

站在火山口边缘向下看去，四周如同被开采过的矿山一般显得凹凸不平，锥斗里面沉积着许多碎石，除此之外并无他物。而火山口是由黄、红褐色的固结熔岩和火山渣组成的。整个火山口安静极了。

站在维苏威火山顶向四下眺望，处处都充满生机：公寓、别墅、宾馆星罗棋布，它们根据主人的喜好而五颜六色，也因地貌的起伏而高低错落，它们的存在给维苏威火山增添了许多人文气息。而覆盖火山的主要还是各种树木和经济作物，葡萄、柑橘等应有尽有。由于土壤是肥沃的火山灰，所以这些经济作物长势都十分喜人，给当地的居民们带来十分丰厚的经济收入。

火山喷出黑色的烟云，炽热的火山灰石雨点般落下，有毒气体涌入空气中。

半个多世纪以来，维苏威火山已不再喷发，但是它仍不时地喷出气体，似乎在告诉人们，它只是暂时地睡着了而已。也

许有一天，它会再次醒来，上演惊天动地的一幕……

沿途亮点

庞贝古城

是古罗马第二大繁荣的城市，很多贵族和富商来此建造房舍居住。人们建造了很多宏伟的建筑物，有神庙、官府、广场，甚至还有公共浴池、体育馆等，然而一夜之间全被维苏威火山摧毁。一座如此繁华的古城被埋没在尘埃之中。

基督之泪

是意大利产的一种葡萄酒。据说，用来酿酒的葡萄是商家利用庞贝古城遗留下来的葡萄树培育出的。商家利用现代酿酒技术与古老的配方相结合，生产出这种独特的葡萄酒，年产量只有 4000 瓶，而中国拥有量不超过600 瓶。

那不勒斯

是意大利的一颗璀璨明珠，更是地中海风景最优美的城市之一。这里终年阳光普照，充足的阳光让当地人形成开朗的性格，因此世人将那不勒斯称为"快乐阳光之城"。而城里悠久的历史和众多的文物，又让那不勒斯具有浓郁的人文气息。

Tips

❶ 登山时尽量穿专业登山鞋。
❷ 若是正规旅行团，需要给导游小费。

🔲 那不勒斯独具风格的多彩建筑

地理位置：阿根廷门多萨省西北端

探险指数：★ ★ ★ ☆ ☆

探险内容：登顶

危险因素：缺氧

最佳探险时间：12 月至次年 3 月

阿空加瓜山

世界最高的死火山

大自然一直不曾停歇，造山运动也一直没有停止。在千百万年前，阿空加瓜山横空出世。它一次次地喷出心中的怒火，熔岩在地表上凝结，火山灰覆盖了厚厚的一层。随着山势的抬升，海拔越来越高。降落在山顶的雪花、雨水开始冻结成冰川。而阿空加瓜山，也进入了永久的梦境。

■ 绵延的山峦掩映于蓝天白云下，好似一幅美丽的图画

阿空加瓜山，海拔约 6959 米，是世界最高的死火山。它在瓦皮族语中的意思是"巨人瞭望台"，因它是南美洲最高峰，所以被称为"美洲巨人"。其山峰坐落在安第斯山脉北部，峰顶在阿根廷西北部门多萨省境内。

▣ 高耸的山峰直插云霄，山峰上白雪皑皑，阿空加瓜山自古就是登山爱好者的理想之地

攀登阿空加瓜山是需要很多证件的。首先需要登山许可证，而且许可证必须由门多萨省阿空加瓜公园管理处发放。每年仅有3000人能够幸运地得到该证，虽然这个证件不好办理，但依然有无数登山爱好者想要去攀登。在这里，能够看到第三纪沉积岩层褶皱被抬升，并在火山和岩浆的作用下形成山体。阿空加瓜山并不易攀登，一般人们都从北坡上去，南坡几乎无人成功。即使从北坡攀登，依然有30％的人会失败。

在路上，自然景观和人文历史总是相互交融在一起。说到人文景观，就必须说卡诺塔纪念墙。何塞·德·圣马丁当年率领士气高昂的部队，翻越了雄伟的安第斯山脉，那里有智利和秘鲁两国的人民等待他们去解放。时至今日，智利和秘鲁的居民们都在安享自由和幸福，唯有卡诺塔纪念墙在历史的长河里，永远诉说着那段风雨飘摇的岁月和往事。穿过纪念墙，便来到一大弯道，这条弯道名叫"一年路程"。弯道前面便是乌斯帕亚塔村，这个海拔2000米的小村落以及村落旁边那座拱形的皮苏塔桥和兵工厂、冶炼厂都是当年那些战役的见证者。再往前行走至海拔3000米处，便到了乌斯帕亚塔镇。这是一个风景独特的旅游小镇，小镇上有个小站名为瓦卡斯角小站，在这里有一座印加桥，其奇特之处在于它是天生的石桥，没有丝毫人工雕琢的痕迹。而桥旁边的那些岩石峰高大而挺拔，宛如巨人一样站立在石桥旁，不知为什么，当地人给它们命名为"忏悔的人们"，可能这是源于其前方的耶稣铸像。1902年，阿根廷和智利和平解决了南部巴塔哥尼亚边界争端问题，为了纪念此事，当局特意在拉库姆布里隘口修建了高7米、重4吨的耶稣铸像。他矗立在海拔3855米处，慈祥的目光安静地凝视着世人，仿佛在向世人传播和平。在塑像的下方基座上，铭刻着这样一句话："此山将在阿根廷与智利和平破裂后崩溃在大地上。"

假如你想征服这位巨人的话，最好在冬季12月带着你的登山许可证从印加桥出发，

▣ 阿根廷的国会大厦，恢宏大气

■ 阿空加瓜山较为平缓，且无积雪，备受登山爱好者青睐

经过奥康内斯溪谷、荒山向西攀登，沿途有许多小木屋，当你爬累了或者遇上了暴风雪，可以钻进小木屋休息片刻，养精蓄锐以便继续攀登。

沿途亮点

卡诺塔纪念墙

当年圣马丁率领安第斯山军，从这里越过安第斯山脉，去解放智利和秘鲁。圣马丁是阿根廷将军、南美西班牙殖民地独立战争的领袖之一，被视为国家英雄。人们在这里建造了纪念墙，以纪念圣马丁的功绩。

门多萨

历史悠久，是门多萨省的首府。这里拥有阿根廷最大的葡萄酒产区，优越的生长条件使得这里的葡萄酒品质上乘，风格独特，吸引了世界上大批的葡萄酒爱好者。门多萨还有许多知名酒庄，菲卡酒庄就是其中之一。来这里一定要品一杯浓郁芳香的葡萄酒才无憾。

布宜诺斯艾利斯

是阿根廷的首都，也是拉丁美洲第三大城市，素有"南方巴黎"的美誉。这里有优美的风景，善良好客的风气礼节，美味可口的烤牛肉，以及回味无穷的葡萄酒。

Tips

❶ 不要携带大量现金，以防被小偷盯上。

❷ 夜晚不要进入贫民区。

地理位置：美国夏威夷火山国家公园内
探险指数：★★★☆☆
探险内容：火山喷发景观
危险因素：火山喷发
最佳探险时间：12月至次年4月

冒纳罗亚火山

喷发不止的火山

　　每当火神佩莉发脾气的时候，凶猛的岩浆就会以摧枯拉朽之势将森林和房屋推倒、燃烧。即使这样，它还不停息，一直奔流入大海，似乎还要把大海蒸发干。海面上，水蒸气缭绕，漂浮着一片片的死鱼散发出烧焦的味道。

▣ 波利尼西亚文化中心

　　阳光、沙滩、比基尼，似乎是夏威夷的代称。然而除此之外，火山也是夏威夷不可或缺的景物。其实整个夏威夷群岛就是火山喷发遗留下来的产物。

　　冒纳罗亚火山的破坏不但是毁灭性的，而且是重复性的，它总是周期性地爆发。每次爆发，岩浆都会毁灭掉周围的一切。没有什么可以阻挡它的脚步，直到它自己累了，才停下来。

　　当你真正地见识到这座火山的时候，你就会为它的美丽所震撼。并不是所有的火山都那么恐怖，冒纳罗亚火山会让人感受到火山独特的美丽。

　　顺着公路游览，神秘的火山地形展现在眼前。一块块火山岩黑乎乎的，在那里一动不动地躺着，仿佛被遗弃了一样。这里没有绿色的植物，到处都是黑色，让人心情压抑。但是，当你看到很多人在这里摆弄着白色的鹅卵石，就像小孩子玩拼图一样时，你会惊异于它是如此浪漫，压抑的心情就如水蒸气一样消失不见。他们或拼着自己想说的话，或拼着自己亲人的名字，当然还有拼着自己心爱人的名字。这样的景象为这块没有生机的地方增添了无尽的活力，让人顿时感受到这里的幸福气息。

■ 傍晚的冒纳罗亚火山，烟雾缭绕，恍如仙界

太平洋板块缓慢移动，给夏威夷群岛带来了变动，尤其是位于群岛中心的冒纳罗亚火山被带动得偏离了原来的位置。远远望去，火山口云雾缭绕，时隐时现，有几分神秘。当它爆发时，熔岩在火山口暴涨，从岩层缝隙里流出来。炽热的岩浆顺着山坡流下，蜿蜒成一条火龙，十分壮观。熔岩顺着斜坡向低处流去，一直流进大海。海水受熔岩的影响，沸腾起来，蒸汽滚滚，云雾茫茫。

据说火神佩莉被姐姐海神赶出了家园，她一路走来，寻找栖息之所，直到来到了夏威夷岛上的火山口，才找到安歇之处。虽然有了居所，但是住得并不太舒服。每每想起自己被姐姐海神赶出来，就会怒火中烧，大发脾气。于是火山就会喷发，汹涌的岩浆流入大海，把海水蒸发掉。

听着美丽的传说，欣赏着火山景观，不由得感怀万千。火山喷发究竟是毁灭了美，还是创造了美？在这里，或许只有你能找到答案。

沿途亮点

火山公园

想要看到翻滚的岩浆，以及岩层落到岩浆里溅起的高达几十米的岩浆火花，就去夏威夷火山国家公园吧。这座公园的面积很大，从火山口到海边，都属于火山公园。在这里，

除了岩浆，还可以看到熔岩隧道，这是火山喷发时熔岩流过后形成的奇特景观。

依拉奥尼皇宫

位于市中心，是一座意大利文艺复兴时期风格的建筑，也是美国唯一的一座皇宫。这里的天空很蓝，这里的云彩很白，这里的海岛像珍珠一样排列在太平洋上。孙中山先生曾在当时的最高学府奥休学院深造，张学良将军在这里漂泊了8年。

波利尼西亚文化中心

在西方文化的侵蚀下，波利尼西亚文化正在逐渐消失。美国摩门教教会为了拯救波利尼西亚文化，同时也了帮助杨百翰大学的学生勤工俭学，创建了这个文化中心。文化中心有各种热带植物，环形道路两边种满棕榈树，花圃里是五颜六色的热带花朵，草地碧绿青翠，风景十分优美。

Tips

❶ 多准备一些零钱去付小费。
❷ 标准电力电压为 110V，60Hz，请携带变压器。

■ 1879 年由夏威夷国王卡拉瓦卡建造的依拉奥尼皇宫

阿雷纳火山

★ ★ ★ ★ ★ ★ ★ ★ ★ ★ 不熄的生命 ★ ★ ★ ★ ★ ★ ★ ★ ★ ★

那连绵不断的山峰，如大地之脊支撑着整个身躯，而阿雷纳火山就是其中最壮观的一座。它如同一把在云雾中撑开的巨伞，气势不凡。看似平静的阿雷纳火山可能会在夜晚释放出无比灿烂的焰火，它总是习惯于给人惊喜。

▪ 阿雷纳火山是平静的，只是温和地释放火山灰雾，连接天空，仿佛从顶部升腾起一团团的蘑菇云

海拔 1633 米的阿雷纳火山，距离哥斯达黎加首都不远，火山口呈锥形，十分显眼，方圆几千米的任何地方都能看到它。阿雷纳火山气势雄伟，是世界上最

活跃的火山。从 20 世纪至今阿雷纳火山已经爆发了无数次，每一次都使周边损失惨重，尤其是 1968 年 7 月 29 日那次爆发，附近 7 平方千米的土地被火山灰和熔浆覆盖，所有

生物被掩埋在厚厚的熔岩下面。2001年3月24日，阿雷纳火山再次剧烈爆发，当时，岩浆宛如几百条红色的巨龙，从火山口飞扑而下，沿途所有的树木和花草转瞬化为灰烬，来不及逃跑的动物也都被烧焦，山坡一片浓烟，高近千米。那恐怖的样子让人以为跌入地狱一般。不过幸运的是这次当局有了提前预警，所以人们得以逃出保命。

后来的两年里，阿雷纳火山又连续爆发了两次，一次以死亡2人、重伤1人为代价；一次以喷射大量熔岩和火山灰覆盖村落为代价。每一次爆发，都让附近的居民惊慌失措。但他们依然不舍得离开这里，因为火山虽然带给他们恐惧，但也会带来丰厚的宝藏，奇异的火山景观是最好的旅游资源，而厚厚的火山灰则是最肥沃的土壤，能够让所有作物获得丰收。

外地游客们经常来到阿雷纳火山公园参观火山的神奇风采。但这座火山是无须靠近的，离火山口几千米甚至几十千米处，都是最佳的观赏点，因为火山经常会喷发，喷发的熔浆和烟雾以及轰鸣声都能传播得很远。参观阿雷纳火山最好在晚上。夜里，天空成了一道黑色的帐幔，此时，火山喷发出的岩浆便成了恐怖诡异而又绚烂多彩的焰火，让人在不寒而栗中体验极致的美丽。随着岩浆的四下流滚，焰火也在不停扩大，在夜空下十分壮观。

沿途亮点

拉夫提那小镇

在拉夫提那小镇，只需要在房间里就能看到美丽的火山喷发盛况。窝在床上，抱着抱枕，静静地眺望火热的熔岩，虽然它能毁灭生命，但它比生命更灵动，也更有力量。随着小镇各种设施的逐渐完备，各家旅馆的装修也更加高档。现在不只是能在床上看火山，也可以浸泡在浴缸里，观看熔岩的奔放。

水眼温泉浴场

是大众浴场，东南20千米处是圣何塞。圆形的温泉里，泉水十分充沛。在中间那个突出的泉眼里，水柱常年流出，因为缓慢，所以给人一种温柔的感觉，让人有泡温泉的欲望。

Tips

❶ 圣何塞的出租车很便宜，按路程计费，需要在机场的到达大厅登记后才可以乘坐出租车。

❷ 圣何塞常年温度为26℃左右，但是早晚温差较大，请带好长袖和短袖以及外套。

❸ 圣何塞治安情况较差，请晚上不要单独出门，如有需要请和导游联系。

◪ 火山喷发后，熔岩覆盖的地表长出了稀松的植物

◪ 热带蛙在雨林里安逸地生活着

地理位置：日本九州岛熊本县东北部
探险指数：★★★★☆
探险内容：火山景观
危险因素：火山喷发
最佳探险时间：3-11月

阿苏山

★★★★★★★★★ 著名的破火山口复式火山 ★★★★★★★★★

在这里，绿草如茵，形成一个大草原，你可以骑马驰骋。在这里，你可以乘坐索车，观赏活动的火山口。在这里，你可以看到绿油油的馒头山，还可以在结冰的湖泊上溜冰。

阿苏山与富士山是截然不同的两种风情，只要你游览过富士山，便会明白这一点。倘若要做一个比较的话，那么就是：阿苏山比富士山更有魅力，具有一种别样的风情。

在九州岛熊本县的东北部，日本著名的活火山——阿苏山便坐落于此。阿苏山是大型破火山口的复式火山，也正是因此而名扬天下。阿苏山的火山口裸露在外面的火山，上面没有绿色的植被覆盖。时至今日，依然经常冒出烟雾来，这些烟雾有着浓浓的硫黄味儿。当地的旅游局经常因为二氧化硫过高而阻止游客上山，但即使是危险遍布，游客们依然喜欢来这里，因为这是世界上唯一一座能够看到火山口的火山。

倘若不能登上阿苏山火山口，那么游客们就会换另一个地点，那就是外轮山北侧的大观峰。那里虽然也多为熔岩外露的悬崖峭壁，但也有较为舒缓的坡地，于是人们便站在这些坡地上眺望远处的阿苏山。在这里观

▪ 葱郁的峡谷两侧，溪水潺潺，给人一种意境美

看的优点是，不仅能够看到阿苏山爆发的场景，也能尽览阿苏山的全貌，一举两得。因为这两个优势，所以外轮山又被修建成阿苏九重国立公园。公园里到处都是休闲场所，方便外地游客歇息。除此之外，还有许多与阿苏山有关的景点，如阿苏神社、阿苏气象站和火山研究站等。阿苏山周边的交通配套

🔺 阿苏山火山口为一巨碗形火山凹地，冒着滚滚浓烟，极为壮观

设施很健全，铁路、公路畅通发达，你可以选择其中任何一种交通方式。后来又修建了空中索车，可以在索车里俯瞰阿苏山的景致。在公园里，还有一处袖珍式火山口，它早已停止喷发多年，现在火山口早已长满碧绿的青草，绿油油的圆形小火山口十分可爱。

阿苏九重国立公园内还有一个集购物、餐饮、休闲、住宿于一体的场所：阿苏农场。因为农场主题为"人、自然、元气"，因此游客们不但可以享受到与城市里一样的生活，还能体验到各种手工乐趣，诸如制作音乐盒、制作木涂画等。建造者按照当地的地貌地势，将这座度假村和大自然完美地融合在一起，打造出一个十分受人喜爱的乐园。

阿苏山的风景非常美，美得让人流连忘返。

沿途亮点

阿苏山博物馆

进入阿苏山博物馆里的观测室，便能够通过特殊的控制器观察火山口爆发的情况，以及欣赏在肥沃的火山灰土壤上成长起来的美丽的大草原。进入博物馆的展览厅，便能看到阿苏山历史变迁的动态模拟过程，十分震撼人心。

草千里

是指阿苏五岳之一的鸟帽子岳中腹的广阔草原。这里原本是火山口，火山喷发停止后，火山灰形成肥沃的土壤，长满了碧绿的小草。在草原上有两个池塘，当雨季来临后，池塘里聚满了水，倒映着蓝天、白云、绿草。冬天结冰的时候，还可以在上面溜冰。

Tips

❶ 日本银行兑换业务时间为上午9点至下午3点。
❷ 由于信号的原因，中国手机在日本一般不能使用。

🔺 火山拔地而起，与天边的云衔接得天衣无缝，山脚下是芳草如茵的世界

地理位置：美国夏威夷岛东南部
探险指数：★ ★ ★ ★ ☆
探险内容：火山喷发景观
危险因素：火山喷发
最佳探险时间：4-10月

基拉韦厄火山

★ ★ ★ ★ ★ ★ ★ ★ ★ 永恒的火焰 ★ ★ ★ ★ ★ ★ ★ ★ ★

　　这些熔岩的最高温度可达1200℃，如果一名没穿防护服的人不幸被飞溅的熔岩击中，他将会瞬间化为灰烬。

■ 火山喷发，炙热的岩浆缓缓流下山坡

　　由5座火山组成的夏威夷岛，地处太平洋构造板块活跃区，其中的基拉韦厄火山从1952年开始喷发，到1986年1月为止，已经喷发33次。它每天会喷发数十万立方米的岩浆，正是基拉韦厄火山多次大规模的喷发，才有了夏威夷群岛。基拉韦厄火山的成就奠定了它在世界火山群中的地位：最年轻，也最活跃。

　　基拉韦厄火山之所以能够有如此大的喷发量，是因为它体内存在无数小火山口。从空中俯瞰，基拉韦厄火山的山顶有一个直径长达4027米的破火山口，深度为130米，可谓又大又深。而在这个又大又深的破火山口里，又有无数的小火山口，大口套小口，小口挤小口，场面蔚为壮观。而在破火山口的西南角，还有一个至今依然活跃的火山口，虽然没有火山灰喷发出来，但里面翻滚的炙热熔岩让人望而生畏。这些熔岩翻滚时会呈现各种形态，如喷泉、瀑布、烟花等。当地的居民把这里看成"永恒的火焰之家"，因此称它为"哈里摩摩"。

基拉韦厄火山时刻都在运动，别看它在地面上的海拔为1200多米，在海平面下，还有5000多米的深度，在这将近7000米深的火山腹部里，没有人知道究竟有多少熔岩等待喷发。尽管现在每秒都会有体积为4平方米的熔岩从火山口喷溢而出，但谁也不知道什么时候这个火巨人才能把肚子里的熔岩喷发殆尽。

在此之前，这里有一个大约10万平方米的岩浆湖，面积之大位列世界之首。深达十几米的岩浆通红炙热，仿佛一锅熔化的铜水在湖里不停地翻滚着、嘶吼着，让人心惊胆战。而湖的边缘则呈现暗红色的诡异形状，原来是翻滚的岩浆泡被冲击到边缘，然后再被下面滚动的岩浆拱动到中心，再次沉入岩浆里面去。有时岩浆温度升高，便会一下子把岩浆冲到半空中，形成了岩浆喷泉，那些"水珠"在红艳的岩浆照耀下散发出五颜六色的光芒，十分迷人。

夏威夷火山观测所科学家阿诺·冈村欣赏过基拉韦厄火山喷发后说："站在熔岩跟前，你会忘记自己是一个地质学者。熔岩那无与伦比的能量和变幻无穷的形态会让你如醉如痴。你能亲身感受到那种炽热，即使是硫黄那刺激的气味，也是一种别样的享受。"这样的忘我，是每一个探险者和火山爱好者都想有的体验。

基拉韦厄火山虽然让人震撼，但它与其他火山并无不同，只不过是因为游人观赏的角度，恰好是熔岩流动时最美丽的方向而已。

基拉韦厄火山的熔岩是流入大海的，那个场面才堪称经典，于是无数人争先恐后地去看熔岩入海的样子。最多的时候，一天曾经达到4000人。只要基拉韦厄火山永远喷发下去，游客便永远不会停止来观赏它的脚步。

沿途亮点

夏威夷热带植物园

夏威夷热带植物园位于夏威夷岛最美丽的海湾，这里充沛的降雨量很适合植物生长。园内有来自世界各地的1800种植物，而火烈鸟和鹦鹉也是来自外国的物种，具有浓郁的异国风情。为了方便游客欣赏，植物都备注有拉丁文名、英文名和出产国家的名字。由于雨水大，所以公园还贴心地为游客们准备了雨具，用时可免费去拿。

瑟斯顿熔岩隧道

罗令·瑟斯顿最早发现了这条熔岩隧道，因此将其命名为瑟斯顿熔岩隧道。隧道形成是因为火山熔岩喷发时迅速喷涌而下，内部流动，而外壳则冷却变硬，等内部的熔岩流动到海岸后，外壳里便成了空荡荡的内孔，这就是有名的熔岩隧道。时至今日，熔岩隧道早已长满了各种羊齿植物，那碧绿的颜色配上终点的山泉，十分美丽迷人。

Tips

❶ 火山活动频繁，有可能会导致通往火山的道路临时关闭，因此，最好提前打电话咨询或在网上查询。

❷ 热烤饼、烤猪宴、猪肉饭都是不容错过的美食，当地以各种水果为原料的特色美食令人胃口大开。

❸ 请按照指示标提示行走，以保证人身安全。

🔺 火山喷出的火红岩浆滚滚而出，如喷泉一般向上喷射，蔚为壮观

地理位置：新西兰东加里罗国家公园内
探险指数：★★★★☆
探险内容：火山景观
危险因素：火山喷发
最佳探险时间：3-5月，9-11月

鲁阿佩胡火山

★★★★★★★★★★★ 火山展览馆 ★★★★★★★★★★★

    它拥有新西兰面积最大、滑道最长、海拔最高的滑雪区。你可以乘坐一辆缆车滑过新西兰仅有的两座火山雪场——西北麓的华卡帕帕和西南麓的图罗瓦。而图罗瓦正是电影《霍比特人：史矛革之战》中通向"孤山"的入口，瑟罗尔的半身像的监视之眼也正位于此处。

▪ 鲁阿佩胡火山，宁静不招摇

东加里罗国家公园是著名的旅游胜地，是新西兰最著名的火山公园。它有15座在近代活动过或正在活动的火山口，呈线状排列，向东北延伸。鲁阿佩胡火山是北岛的最高点，顶上终年白雪皑皑，是著名的滑雪胜地，也是一座只有75万年历史的"年轻"活火山。

    东加里罗公园里面遍布沸泉、喷气孔、间歇泉、沸泥塘等，这些都是地热资源。可以说，东加里罗国家公园里面的自热资源非常丰富。在众多的自热资源里，沸泥塘最有特点。它是一个泥塘，里面是黄色的泥浆，它们突突地翻滚着，还冒着热气，远远看去，就像是一锅玉米粥，没有香气，却很浓稠。公园里随处可见一种长着长嘴巴的鸟儿，我们也经常在新西兰的国徽上看到它，这便是新西兰的国鸟——几维鸟。几维鸟的长嘴巴不只是用来觅食，还用来支撑休息时的身体，以减轻双腿的重负。从地热资源可以看出来，这里的火山现在依然很活跃。就在20年前的1996年，鲁阿佩胡火山就曾喷发，山上不见草木，只有厚厚的火山灰覆盖在山坡上，没有火山灰的地方，岩石便肆意裸露，一副狰狞荒凉的模样。而火山湖口更是一片狼藉，配以硫黄刺鼻的味道，将一个真实的火山袒露在游客的面前。想要玩转东加里罗国家公园，可以选择多种步道，或是8小时徒步翻

■ 白雪皑皑的山峰，冰冻的湖泊，处处透着寒意

越东加里罗火山，或是进入低地森林探幽。这里的冬天也不错，可以去滑雪场滑雪。

这么多的游览方式你可以一一体验，可以用一整天的时间去安排计划，但更不要忘记欣赏令人惊奇的自然风光。这里虽然贫瘠，却为我们留下了生动的彩色湖泊、冒气的喷气孔地层熔岩等景观。你可曾记得电影《指环王》中可以摧毁魔戒的末日山脉"魔多山"里的熊熊烈火，事实上就是鲁阿佩胡火山处的场景。在东加里罗国家公园中还有两个主要的场景拍摄地，一个是"沙漠公路"，另一个则为"华卡帕帕"，电影中弗罗多和山姆在最后一幕中登上的那座连绵不绝的山峰，其取景地便是国家公园中的滑雪胜地——华卡帕帕。电影中的末日山脉，也是国家公园中的瑙鲁赫伊山。

如果你已经厌倦平平常常的美景，厌倦了每一处的风景都好像在图片里遇见过，陌生又熟悉，那么就到这里来吧，看看魔幻里的世界是怎样地标新立异，突破常规。

沿途亮点

瑞文戴尔

电影《指环王》中的取场景地，在威灵顿郊区。在北面的凯多可地区公园里，拍摄了瑞文戴尔的精灵王国，那如梦如幻的场景和优美的自然景色，让人难以忘怀。

哈比村

在新西兰北岛怀卡托平原农牧区的玛塔玛塔市区外，有一个小小的农庄，农庄位于大草原上，有绿草满地的小山坡，有绿树成荫的大森林，有精致小巧的门洞，到处都充满悠然的田园风光，正是因为小农庄的景色如此优美，所以被用作电影里小矮人哈比族的家园：哈比村。

罗斯洛立安森林

电影里的罗斯洛立安森林，有精灵女王和她的精灵王国。这里是一个美得像天堂的地方，于是摄制组把场景地选在了皇后镇区格伦诺基小镇。而到处都是荒漠和砂石的末日山脉，则被摄制组选在东加里罗国家公园里面，那里到处都是火山地貌，寸草不生，十分荒凉。

末日山脉

索伦魔王所在的魔多是个寸草不生的不毛之地，处处布满泥泞、砂石与荒漠，取景于新西兰北岛以火山地形著名的东加里罗国家公园中。

Tips

❶ 东加里罗国家公园内有露营地和小屋供游客居住。

❷ 当地旅游高峰期是 12 月至次年 1 月，游人最好提前预订房间，也可以避开这一时间段。

第七章

洞穴猎奇

大自然千奇百怪的洞穴数不胜数。

这些洞穴，

有的幽深曲折，

有的富丽堂皇，

宛如宫殿。

洞穴探险，

与陆地探险不同。

洞穴需要向下走或向内深入，

因此绳索是必须准备好的。

在世界上有很多神奇的岩溶洞穴，

里面形成的自然景观丰富多彩。

左图：空旷的洞穴内躺着一具具动物的骸骨，恐惧感油然而生

地理位置：新西兰北岛中部怀卡托境内
探险指数：★ ★ ★ ★ ☆
探险内容：漂流、萤火虫
危险因素：地滑、黑暗
最佳探险时间：3～5月，9～11月

萤火虫洞

赏洞中星空

　　无数的萤火虫在洞内发出灿若星河的光彩，密集处层层叠叠，稀疏处微光点点，晶莹的丝线，如水晶帘幕。大自然的神奇，生命的魅力，在此刻展露无遗。

■ 萤火虫洞内狭窄幽深，灯光掩映在岩壁上熠熠生辉

　　在许多人的童年记忆中，都有过捉萤火虫挂在床头或放在枕边的经历，夜晚看它在玻璃瓶里一闪一闪地亮着光，像暗夜天空中眨着眼睛的星星。在新西兰，真有这样一个承载着童年梦想的地方，它就是怀托摩萤火虫洞，因洞内的萤火虫而闻名世界。

这个奇特的岩洞一直不为人知，直到1887年。当时一位英国测量师请当地的毛利族族长塔·帝努做向导，进入萤火虫洞考察。他们乘竹筏顺小溪进入洞内，在蜡烛微弱的光亮下，他们惊奇地发现洞壁上那些散发着奇异光芒的萤火虫。从此，萤火虫洞被世人所知。

毛利族族长对萤火虫洞充满好奇，于是多次带领族人进去探险。他们发现洞内不但有萤火虫，还有3层钟乳石，而且顶端有出口通向外面。毛利族人欣喜地把这一重大发现报告给当地政府。1888年，政府将萤火虫洞开发旅游，游客们可从顶端进入，从底端的小溪中出来。

但这个洞穴的所有权一直归政府所有。到了1989年，新西兰当局在毛利族人的再三要求下才把这个洞的所有权归还给他们。

参观萤火虫洞，最需要注意的是不准发出声音，不准摄像。声音会影响洞内钟乳石的发育，声音和光线都会影响萤火虫的生活状态。进入洞中，黑暗和安静给人带来一丝恐惧，钟乳石上滴下来的水给人一丝凉意，缓缓前行，光线越来越暗，最终进入一片黑暗中。不过很快前面就会有隐隐的光亮在水面浮动，抬起头会看到上空布满光点，仿佛置身在星空下。洞顶的萤火和水中的萤火相映成趣，组成一幅立体的灿烂星空，宛如神话般的世界。也许，这就是所谓的万珠映镜。

面对眼前美不胜收的"星空"，你才会明白，之前的惊险与恐惧都是值得的。就像人生，不经历苦痛，哪来甜蜜？

萤火虫洞，洞外洞内水道相通，需划船方可入

沿途亮点

黑水漂流
如果仅仅是在安静的萤火虫洞内游玩，也许不会满足你那好动和喜欢刺激的内心，这时，黑水漂流将是你不容错过的选择。穿上专门设计的衣服，坐在巨大的汽车轮胎上，顺着只有10℃的水流在黑暗中漂流，是不是很惊险、很刺激呢？

奥克兰中央公园
是奥克兰市民们假日休闲最佳的休憩场所，游客可以在这里享受难得的宁静与日光。如果开着车子绕着康乃尔公园向上行，伴随着清脆的鸟鸣声，还可见到成群牛羊怡然自得地慢慢吃草。到了这里，你整个身心都可以放松下来。

奥克兰海港大桥
是奥克兰极富代表性的一处景致。海港大桥与停泊在奥克兰俱乐部的万柱桅杆，组成了一幅壮观美丽的图画。体验奥克兰海港大桥不仅可以攀爬，还可以玩蹦极，体验惊险和刺激。

Tips

❶ 不要用手触摸洞内的钟乳石。
❷ 洞内禁止吸烟。

探险类别：中国贵州省织金县境内
探险指数：★★★☆☆
探险内容：自然景观
危险因素：路面很滑
最佳探险时间：春季

织金洞

★★★★★★★★★★ 观洞穴之王 ★★★★★★★★★★

　　雄伟壮观的"地下塔林"、虚无缥缈的"铁山云雾"、一望无涯的"寂静群山"、磅礴而下的"百尺垂帘"、深奥无穷的"广寒宫"、神秘莫测的"灵霄殿"、豪迈挺拔的"银雨树"、纤细玲珑的"卷曲石"、栩栩如生的"普贤骑象"……一幅幅大画卷，一处处小场景，令人心魄震惊，叹为观止。

⊡ 织金洞内灯光绚烂，为钟乳石披上彩色的外衣，给人无尽想象

　　曾经的中国作家协会副主席冯牧，为有"天下第一洞"美誉的织金洞作过这样一首诗："黄山归来不看岳，织金洞外无洞天。琅嬛胜地瑶池境，始信天宫在人间。"在织金洞前，有一副谷牧副总理的题字："此景闻说天上有，人间哪得几回游？"

　　织金洞是一个避暑胜地，即使在炎热的

酷暑，只要走进洞里，便立刻浑身凉爽。织金洞是一个很大的洞，里面有 11 个大厅，47 个厅堂，规模之大，让人惊叹。而且这些厅堂的形态各不相同，千变万化，十分奇特。洞厅的高度各不相同，有的五六十米，有的一百五六十米，相差近百米的高度，因此给人的视觉效果也不一样。而且洞厅和洞厅之间有小道相连，道路曲折蜿蜒，走起来比较慢，但正是在这份慢中才能细致地观赏织金洞。

　　织金洞也称为岩溶博物馆，这是因为洞里的岩溶有 40 多种形态。它们分别为石芽、钟旗、石柱、石笋等，而且大小也各不相同，有的高达 20 多米，有的仅有巴掌大小，还有密密麻麻的石针；石柱也大同小异，有的如蘑菇云，有的像雪松，有的如霸王盔，有的像松球，还有的像水仙花，可谓千姿百态，蔚为壮观。

　　织金洞的奇观是从地球形成那一天就开始诞生的。历经亿万年的沧海桑田，这块土地从苍茫大海变成巍峨高山，后来被洪水冲

■ 琳琅满目的钟乳石，大的有几十米长，小的如嫩竹笋，千姿百态

刷了数万年乃至数百万年，这里从田园土地变成洞穴奇观。每个人类的生命才几十年，比较起亿万年来说，真是白驹过隙。而能在这个短暂的缝隙里欣赏到地球和天地亿万年的杰作，是一种莫大的幸运。

沿途亮点

万寿宫

"万寿宫"是指洞穴里堆积如山的巨石群，它们是远古时期洞顶塌落形成的。洞壁四周是五颜六色的岩层形成的天然图案。山上被形态各异的岩溶覆盖，红色的"鸡血石"像孔雀开屏一样美丽，有椭圆形的"穴罐"，还有高十几米的"寿星"。

雪香宫

在这个厅堂里，岩溶堆积物形成各种样子：珍珠田、梅花田、谷针田、石盾、钟旗、竹苑……而洞厅顶上，星罗棋布着无数卷曲石，它们晶莹透明，弯曲向上，十分特别。

江南泽国

洞廊里面有各种各样的钟乳石，石坝蜿蜒曲折，像游龙一般。在洞的中间有一个水潭，潭里矗立着9根石笋，被称为"清潭九笋"。

Tips

① 洞中空气较凉、潮气较重，游客最好穿长衫长裤，注意保暖。

② 路面很滑，要小心摔跤。

③ 不要吸烟。拍照时，要注意安全。

■ 在五彩灯光的照射下，石笋熠熠生辉

地理位置：法国西南部多尔多涅州境内
探险指数：★★★☆☆
探险内容：原始壁画
危险因素：环境复杂
最佳探险时间：春、夏两季

拉斯科洞

寻岩石壁画

　　人们在一个天然的洞穴中发现了 15000 年前的壁画。在上百幅大型动物壁画中，居然还有 "中国马"。要知道，这个洞穴可是在欧洲的法国地区。形象逼真的壁画，还有特殊的符号，似乎是古人正在告诉后人一些秘密。

▫ 进入洞中豁然开朗，人工桥蜿蜒伸入内洞，两侧的岩石在灯光的映衬下，璀璨夺目

　　在法国西南部多尔多涅州的一个乡村里，3 个孩子在狗的带领下追逐一只兔子。突然，兔子不见了，狗也随之消失。孩子慌忙寻找，发现了一个洞穴，原来狗追着兔子进入了这个洞穴之中。他们找来手电和绳索，进入洞穴深处。结果，这 3 个

孩子发现了一处庞大的画廊，这个洞穴就是后来与阿尔塔米拉洞齐名的拉斯科洞，被称为 "史前罗浮宫"。

　　拉斯科洞由一条长长的、宽狭不等的通道构成。在洞窟内有一个不规则的圆厅。洞厅顶部绘有很多大型动物，如野牛、野马、

□ 洞穴岩壁上的手掌印

鹿等。整个洞窟内的壁画描绘细致，栩栩如生，给人一种线条粗犷、气势磅礴、动态强烈的印象，与西班牙阿尔塔米拉洞穴的静态恰好形成鲜明对比。

其中有一幅这样的壁画：一个人，头戴鸟冠，手握武器，每只手只有 4 根手指。它也许是鸟人。在它前面，是一只受伤的野牛。野牛身上插着一支长矛，肠子流了出来，似乎还在拼死挣扎，向鸟人冲去，附近则有一只鸟站在枝头。这幅画，表达了什么意思，科学家们猜测不一。有人认为是在为狩猎丰收举行祭祀仪式。有人认为是猎人伪装成鸟人在进行狩猎活动。

在洞窟内，最令人瞩目的还有一幅"中国马"壁画。这幅画中的马的造型与中国的蒙古马很相似，而且好像已经怀孕，这大概与古人祈求增殖的观念有关。整幅画轮廓分明，线条流畅，比例适当，尽管是单一颜色的渲染，但是却有立体的视觉效果。从艺术角度上看，把这幅画列为杰作毫不为过。

除此之外，还有游泳的鹿群等。考古学家通过科学检测发现，这些壁画具有 15000 年的历史。对于当时的人类来说，创造出这样的艺术，是难能可贵的。长久以来，这个

■ 洞内的岩壁上，动物壁画清晰可见，或许是远古时期的图腾崇拜

洞穴一直封闭着。随着它的发现和曝光，这里的壁画慢慢遭受到外界的破坏。

　　法国政府已经采取了一定的措施去保护这个洞穴，然而效果却不尽如人意，甚至情况还在进一步恶化。也许有一天，这些壁画会消失。

沿途亮点

圣莱热教堂

它是为纪念欧坦的主教圣莱热修建的。传说圣莱热打猎时看到一只鹿的双角间挂着一个十字架，他慌忙跪拜，并成为最虔诚的基督教信徒。后来，圣莱热被封为圣人。

拉巴迪博物馆

拉巴迪博物馆完美地展示了 19 世纪马赛艺术的黄金时代，这些艺术珍品包括 18 世纪乡村别墅的客厅，人们所穿服饰，各种精美的雕塑，线条优美的素描和美丽的绘画等。

卡尔卡松南运河

卡尔卡松十分静谧，两岸是葱茏的树木，河水缓慢流淌，游船缓缓驶过，仿佛在童话的河流上缓缓划过一般。因为美丽，所以卡尔卡松被列入《世界遗产名录》，与古堡并排站在一起。

Tips

❶ 注意保护环境。

❷ 法国人喜欢开玩笑，与他们交往时应加以注意。

地理位置：美国肯塔基州中部猛犸洞国家公园
探险指数：★ ★ ★ ☆ ☆
探险内容：深长洞穴
危险因素：迷路
最佳探险时间：夏季

猛犸洞穴

★ ★ ★ ★ ★ ★ ★ ★ 世界最长洞穴 ★ ★ ★ ★ ★ ★ ★ ★

它是世界上最长的洞穴，至今已经发现600千米的长度，每年还会有新的洞穴和通道被发现。探险家们在200年的岁月里前赴后继，一直在探索着这个幽长的洞穴，他们的探索精神镌刻在洞穴内每一段发现史上。

作为世界上最长的洞穴，至今也没有人能说出猛犸洞穴的具体长度。因为这200多年来，探险家们一直在探索洞里的长度，截至2006年，他们已经探明近600千米的长度。这个洞穴，俨然是一个无人可窥其全貌的巨无霸。

猛犸洞穴的发现很有传奇性：1799年，猎人罗伯特·霍钦在追逐受伤的野熊时，意外地发现了猛犸洞穴，随后人们马上组成探险队进入洞里。他们在洞里发现了干尸、火把、鹿皮鞋和简单的工具，这说明此处曾经有印第安人居住和生活过。1812年，出于战争的需要，这里成为一个矿场，专门采集用来制作火药的硝石。战争结束后，硝石不再需要，洞穴的矿场功能被取缔，这里就被开发成了旅游的景点。

目前猛犸洞穴对游客开放的区域有10处，其中有比较危险的洞穴，进入之前必须做好安全措施。根据规定，游客进入复杂容易受到伤害的洞穴，必须头戴安全帽，身穿

■ 精致的洞穴构造，让人难以忘怀的美景将永远萦绕在脑海中

防护衣，足蹬长筒靴。这样的打扮，还会增加游客的兴趣。或许向导还会叮嘱你："洞穴里有可能停电，一旦停电将会漆黑一团。为安全起见，你要紧紧抱住离你最近的人。"是不是很有刺激感和趣味性？

洞穴内部蜿蜒伸展，并有各种自然形态：

■ 旋转的阶梯会带你一步步走进奇妙的地下世界

小溪、瀑布、峡谷、河流等，配上形态各异的钟乳石、石柱等，宛如一个神奇的地下迷宫。在已开发出来的 77 座大厅里最高处达三四十米的一座大厅被称为酋长殿，可容纳数千人，面积相当大。而命名为"星辰大厅"的洞厅里，顶棚上面是黑色的顶棚，配上雪白的石膏结晶，像是夜空中闪烁着无数的星星，十分梦幻。回音河是猛犸洞穴里最大的暗河，它在地表以下 110 米处，有平底船供游客游览。在河里生活着盲鱼，这是一种奇特的没有眼睛的鱼，而且洞里还有其他很多没有眼睛的物种如盲甲虫、盲蟋蟀等。可能是因为没有阳光而导致眼睛退化的结果吧。这里仿佛是一个埋藏在地下的童话王国，也像是一个幻境，让人震撼。

猛犸洞穴是世界上最多、最大、最奇特的洞穴群，是神秘和神奇的结合体。

沿途亮点

坎伯兰瀑布

在阳光下看见彩虹没什么大不了的，在月光下看见彩虹才真的令人惊奇。坎伯兰瀑布是美国唯一能看到月虹的地方。每当满月，月亮低垂之时，月虹就会出现。一道亮丽的景色，美妙非凡，带你进入童话般的世界。

肯塔基赛马博物馆

它是肯塔基州巨大的蓄水库和防洪设施。这里有世界上著名的赛马和威士忌，品种优良的赛马在肥沃的草地上饲养，而世界名酒威士忌则在附近的城市生产。喜欢美酒和赛马的人士，可到这里来进行一次畅快之旅。

肯塔基大学

这所大学拥有 15 个学院和 1 个医学中心、200 个专业。然而，最值得称道的是它培育了众多的 NBA 明星，如帕特·莱利、泰肖恩·普林斯、拉简·隆多等。喜爱篮球运动的朋友，大可顺便去拜访下这所名校。

Tips

❶ 猛犸洞穴限制人数进入，要想参观的话，需要提前预约。

❷ 现在对外开放的有 10 个洞穴，每个洞穴的门票价格都不一样，其中最贵的达 25 美元。

❸ 猛犸洞穴数量众多，距离接待中心远近不一，应制订好计划。

■ 璀璨的灯光，让形态各异的石柱石笋更加光彩夺目

地理位置：中国浙江省金华市

探险指数：★ ★ ★ ☆ ☆

探险内容：自然景观

危险因素：迷路

最佳探险时间：夏季

双龙洞

★ ★ ★ ★ ★ ★ ★ ★ ★ 养双龙护洞 ★ ★ ★ ★ ★ ★ ★ ★ ★

"洞门轩豁如大厦，石盖如砥错。外洞，轩旷宏爽，如广厦高穹。而石筋夭矫，石乳下垂，作种种奇形异状。伛偻踏水入内洞，有形蜿蜒，头角须尾，凡二，屈蟠隐见，爪尖皆白，石如玉，所谓双龙也。"

▫ 洞口宽敞明亮，植被繁茂，令人对洞内充满好奇

金华双龙洞距金华市区约 15 千米，乘出租车一会儿就到。下了车直接向双龙洞行去。清凉的风，淡淡的云，还有若隐若现的重山，未进洞中，已经感受到愉悦的心情。沐浴着湿润的空气，闻着清新的花香，开始进入双龙洞景区。

沿着溪流，顺着台阶而上，一个异常宽大的洞口出现在面前。在洞口有两块岩石，形似龙头，一左一右，似乎在守护着洞内的宝藏。一泓溪流从洞内流出，一路欢快地向下流去。

▫ 黑暗陡峭的岩壁常常给人一种恐怖感

▫ 古老的漱玉桥

在内洞有两条类似尾巴的痕迹，联想起洞口的龙头，不觉释然。洞内温度很低，一片凉爽之感。当地人有"上山汗如雨，入洞一身凉"的说法。洞内泉水终年不干，清澈见底。

有一片石幔在灯光的照射下发出如玉的冷光。传说此幔是黄大仙修炼法术时用过的帐幔，只可惜空有玉帐幔掩目，却无石玉床休憩。洞内石钟乳、石笋、石幔、石花、石台等造型奇特，色彩斑斓，有黄龙吐水、蝙蝠倒挂、彩云遮月、天马行空等景观。大自然美妙非凡的奇观激发了人们无穷的想象力。面对大自然的创造，人们总会利用想象力，为这些创造物找到存在的理由。

游历于大自然赐予我们的无数个神秘的溶洞中，心情就如同琴键上跳动的音符，欢快而轻松。在双龙洞景区，不仅有双龙洞，

还有冰壶洞、朝真洞、桃源洞等著名洞穴。朝真洞曲折幽深，崎岖高旷，仿佛一个巨大的石拱桥洞。桃源洞内，石笋悬空、石乳晶莹、重重叠叠，姿态万千。

躺在小船上，顺着狭窄的洞穴向冰壶洞行去。岩壁扑面而来，停留在鼻翼，似乎动一动就能碰到，压迫之感油然而生。一旦进入洞中，便豁然开朗，仿佛压在身上的巨石被山神挪去。

山泉流动，飞水击石，轰然作响。走近去看，一条瀑布悬挂于前。瀑布旁有匾额，题曰："冰壶洞"。不由得想起一句诗歌："洛阳亲友如相问，一片冰心在玉壶。"

古往今来，很多文人墨客来过此处游玩，也有一些重要的国家领导人在此驻足，一边回头看着双龙洞，一边想象那些名人当时的感受，是否与我心有戚戚焉？

沿途亮点

摩崖石刻

在外洞洞壁上有很多摩崖石刻。在洞口北壁有"双龙洞"三字，传说是唐人所书。南壁有"洞天"二字，传说是宋代书法家吴琳的墨宝。此外，还有国民党元老、近代书法家于右任先生书写的"三十六洞天"等题字。

吕先生藏身

在外洞厅北有一个"石瀑"，特别像古人的衣袍。相传八仙之一的吕洞宾曾藏身于此。还有人说，山下的村姑因不愿意嫁给恶霸而被困洞中，吕洞宾现身，从此处将村姑救出来。

Tips

❶ 洞内比较凉爽，注意衣着搭配。
❷ 双龙洞景区内洞穴很多，需制订好一个合理的游览计划。

地理位置：中国重庆市

探险指数：★★★☆☆

探险内容：自然景观

危险因素：地滑

最佳探险时间：秋季

芙蓉洞

游如画美景

　　在这里，大自然充分发挥了它的创造力。瑰丽神奇的景象，如盛开的花，娇艳美丽；又如打开的画，充满诗情。选一个日子，带上心爱的朋友，一起在芙蓉洞内畅游，享受大自然的恩赐。在温柔婉约中许下浪漫的愿望，在宏伟气势中立下终身的誓言。

　　芙蓉洞在半山腰，它俯视着芙蓉江，缆索跨江而过。它是一个大型石灰岩洞穴，形成于大约 120 多万年前，发育在古老的寒武系白云质灰岩中。到了芙蓉洞内才知道，它的美丽原本不是语言能够描述清楚的。

　　1993 年，当地村民发现了一个很小的洞口，走进去后发现别有洞天，十分美丽，这便是芙蓉洞。

　　继续深入，一块石钟乳如瀑布般挂在空中。若不是听不到水流之声，真怀疑此地就是水帘洞了。在"水帘洞"旁边，更是竖立着一根金箍棒，它粗细均匀，惟妙惟肖。在人造光的衬托下，整个"水帘洞"雾气蒙蒙，如梦似幻。金箍棒金光闪闪，凛然有威，使人不禁遐想无限。这些若不是仙境，那么还有一处可让你飘然欲仙，那就是珊瑚瑶池。这座不大的洞府，虽然位于一个不起眼的角落里，但也是气象万千：一株株玉树婷婷而立于仙山之侧、瑶池之间。芙蓉洞里有清澈

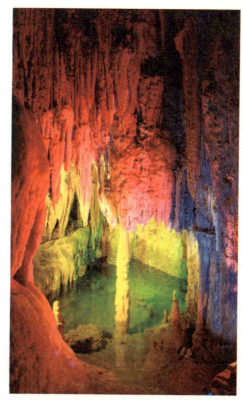

▫ 芙蓉洞钟乳石辉煌壮丽，玲珑剔透，华丽奇巧，令人目不暇接

■ 俯瞰密林中的芙蓉洞外景，古香古色

见底的泉水，水面上的"琼花"盛开，活灵活现。"琼花"上的两尊石笋，宛如两个神仙，在瑶池里赏景聊天。

　　中国洞穴研究会会长朱学稳教授曾经这样评价芙蓉洞："这里是斑斓辉煌的地下艺术宫殿。"芙蓉洞是当得起这样的评价的，因为那是历经 70 多种次生化学沉积而形成的景观，形态各异，瑰异奇巧，让人目不暇接。

　　确实，其气势之恢宏，鬼斧神工之精美，无不让人心生畏惧和崇敬。

沿途亮点

仙女山国家森林公园
仙女山被称为"东方瑞士"，一年四季都能在这里看到美景：草场的青翠碧绿，林海的繁茂葱茏，山峰的清冷险峭，雪原的洁白纯净。而这四者也是仙女山的四绝。

天生三桥
在仙女山的注视下，三座桥巍然而立。它们是天龙桥、青龙桥、黑龙桥，在羊水河峡谷上跨过，以气势宏伟称奇于世，是亚洲最大的天生石桥。它们具有雄、奇、险、秀、幽、绝等特点，虽然经历了上千万年的风风雨雨，至今却鲜为人知。

天福驿站
它位于天生三桥之下，始建于唐武德年间，后毁于战乱。如今见到的是重新建造的仿唐建筑。一股浓郁的唐朝之风让人感觉穿越了时空，回到了那段刀光剑影的岁月中。

■ 斑斓辉煌的钟乳石

地理位置：中国河南省西峡县

探险指数：★ ★ ☆ ☆

探险内容：蝙蝠

危险因素：地滑

最佳探险时间：秋季

蝙蝠洞

★ ★ ★ ★ ★ ★ ★ ★ 览洞中蝙蝠 ★ ★ ★ ★ ★ ★ ★ ★

"帘断萤火入，窗明蝙蝠飞。"在古人眼里，蝙蝠代表着福气。现代科学研究表明，蝙蝠粪具有很高的医用价值。一只蝙蝠，你或许不会觉得害怕，倘若数万只蝙蝠在天空中形成遮天蔽日的黑云，你会有什么感觉？

▫ 洞内蝙蝠挂满墙壁，如一串串南瓜、葫芦一般，让人内心畏惧

蝙蝠洞外面的生态环境特别好，繁茂的树林，清脆的鸟鸣，芬芳的花朵，引人入胜。因此不但可以进入洞内探险，也可以在洞外欣赏美丽的自然风光，而且这里温度宜人，是避暑的好地方。

初到洞中，一片黑暗，空间狭窄，地上潮湿不堪，甚至还能听到远处潺潺的水声。如果你了解蝙蝠，那么就知道为什么它们喜欢居住在这样的环境中了。沿着脚下曲折蜿蜒的路缓缓前行，洞内道路变幻莫测，高低起伏到出乎人的意料，因为落差实在太大，高的地方有 60 多米，低的地方只有半人高，需弯腰才能勉强通过。而宽窄程度也相差甚大，窄的地方需侧身而过，宽的地方足有八九十米，宛如一座大厅。而且洞里自有乾坤：大洞套小洞，上洞、下洞、左洞、右洞，洞洞相应，洞洞精巧。在洞壁上，有许多天然岩画，仙鹤、龙虾、天女、神兽、飞禽、花草、树木，形态各异。这些岩画纹理清晰，线条分明，十分神奇。

岩洞里造型最多的是钟乳石，它们或如神龟，或如雄狮，或如海狗，栩栩如生，比起岩画更多了一种立体的美。洞内的水流也是千变万化，成潭、成瀑、成溪，或是只听水声不见踪影的暗河，这使得洞穴内更加神秘。

神秘的洞穴滋养着神秘的生物，蝙蝠要数其中之一。包括大白蝙蝠和小耳蝙蝠在内的 7 个品种，约 10 万只蝙蝠在洞穴里栖息生活，这样的规模别说在国内，就是世界上都少见。这些蝙蝠虽然对人来说是神秘的，但它们飞翔的姿态十分优美，倘若白天飞翔，一定会令许多人折服。但它们是不会满足人类的这个心愿的，它们白天在洞穴深处栖息，一有惊动便会鸣叫并抖动耳朵，试图以此吓走敌人，而夜里才是它们施展身手的时候。

它们飞出洞穴觅食时，黑压压的一片，这种情况会持续几个小时，因为数量实在是太多了。等到凌晨回来，洞穴又会黑压压地持续几个小时，那面十分震撼。

沿途亮点

屈原冈
"长太息以掩涕兮，哀民生之多艰"的屈原曾经在这里生活。在屈原冈上，人们建立了屈原庙。这座庙是清末砖木建筑风格，历代文人墨客曾在此凭吊屈原。庙的左右两侧还刻有对联："清节表三闾想当年芷泽行吟香草馀骚客赋，忠魂昭一代怅今日菊潭奉祀落英犹是楚臣餐。"

重阳文化之乡
茂林修竹地，菊花茱萸乡。西峡县有着众多的重阳文化遗迹。古代文人墨客如李白、杜甫、苏轼、元好问、郑板桥等，都曾在此饮酒赏菊。元好问甚至在菊花山下的白鹿原居住达 3 年之久。

伏牛大峡谷
大峡谷宽处无法丈量，仅窄处也有 20 米宽的河道。泉水清溪，河流深邃，山谷空幽。沿途是峭壁悬崖，山上树木青翠繁茂，山石峰峦叠嶂，水质清澈纯净，十分美丽。在大峡谷有伏牛五绝，分别是山、水、泉、石、林。

Tips

❶ 蝙蝠洞潮湿阴暗，注意安全。
❷ 由于蝙蝠洞尽头在哪里，尚不可知，所以尽量不要进入太深处。
❸ 在洞内观赏时，不要大声喧哗。

▣ 洞内岩壁上布满云朵样花纹，似锦似缎，富丽堂皇

▣ 蝙蝠性喜黑暗，一般只要是适合它们居住的洞穴，都有其踪影

地理位置：中国峨眉山仙峰寺

探险指数：★ ★ ★ ☆ ☆

探险内容：神秘死亡事件

危险因素：未知恐惧

最佳探险时间：11 月至次年 2 月

三霄洞

★ ★ ★ ★ ★ ★ ★ ★ 被神仙诅咒的地方 ★ ★ ★ ★ ★ ★ ★ ★

人们敲锣打鼓，欢天喜地，把一口巨大的铜钟送往修建好的佛堂。安顿好铜钟，兴高采烈的人们没有散去，而是聚集在一起观赏戏曲。忽然一条火龙从洞中冲出，众人慌作一团。待到大火熄灭之时，洞中之人已然全部死去……

三霄洞位于峨眉山仙峰寺，传说是云霄、琼霄、碧霄 3 位仙女的修炼之所。1927 年，三霄洞发生了一次惊天惨案，数十人死亡，震惊一时。三霄洞至今没有合理的解释，它的神秘吸引着无数人前往。

峨眉山里的气候变幻无常，时而烈日当空，时而乌云蔽日，时而大雨滂沱，加重了三霄洞的神秘气息。要想来到三霄洞，就要穿过层层密林，沿着让人心惊胆战的栈道走 3 个小时。但即使困难重重，也无法阻止人们好奇的脚步。

在远处看三霄洞，层峦叠嶂，只有洞口露在外面，像一个怪物张开大嘴，身子藏在山体中。洞口杂草丛生，虽然放了两尊菩萨，但经过几十年的风吹日晒，早已破旧不堪，附近也没有庙宇的痕迹。百年前的那场灾难是否也把庙宇化成了灰烬？好不容易进入洞中，在洞内除了当年遗留下来悬挂铜钟的大铁环，还有一处残破的锅灶。在洞内不时有水滴下，滴答滴答的水声甚为明显，让人不禁毛骨悚然。

▫ 峨眉金顶

■ 仙峰寺

三霄洞洞口向西，内部向东延伸，地势比较平缓，整个大厅如倒扣的簸箕。大约只有200米就到了尽头，空气似凝固般不流动，因此不可以长时间待在洞里。

虽然惨案已经过去了几十年，但人们依然疑惑于当年洞内爆炸的原因。为了解开惨案之谜，人们做出了许多猜测。有的人认为，那群善男信女敲锣打鼓来到洞中，灯火通明，扰了三霄娘娘的清静，使得三霄娘娘震怒，降罪于他们。但有人觉得这是迷信的说法，不足为信。他们认为是因为洞中过于喧闹，钟鼓声不断，震动了洞内的瘴气，于是发生了爆炸。但专家认为，瘴气本身是不会爆炸的，进而推翻了这一说法。

还有人推测，人们在看戏曲的时候，篝火熊熊燃烧着。沉迷于戏曲中的人们，根本不知道那些轻微的烟聚集起来，飘移到洞穴深处。等到昏昏欲睡的人们发现浓烟之时，为时已晚。由于洞内不通风，氧气不足，篝火和蜡烛瞬间自动熄灭，残余的氧气和燃烧剩下的木炭产生了大量的烟雾。人们由于渐渐缺氧，等站起来想跑时，头脑发昏，加上浓烟熏人，最终倒地，于是酿成了这样的惨案。但这种说法至今未被证实。

无论怎样，三霄洞至今都是一个无法解开的谜，也正是因为这样，它散发的气息才会与众不同，独具魅力。

沿途亮点

峨眉金顶

"岩如削壁跨千里，坐镇西南势独雄。元气昆仑磅礴外，祥光隐现有无中。珠璎宝佛留金相，金碧楼台依半空。纵是蓬莱并弱水，消虚难与此相同。"

仙峰寺

仙峰寺前有参天古木，后有山峰高耸，并设有一道"屏风"，那就是庄严肃穆的华严顶。因在高处，所以常有白云飘浮，环绕寺庙，久久不散，而寺庙在云彩中若隐若现，仿佛一幅美丽的山水画，给人一种清灵、幽静的平和，与华严顶的庄严和肃穆相互映衬。

舍身崖

它有着神奇的魔力。清晨时分，云雾缭绕，如雪，如棉，无边无际。清风一吹，拂在脸上，让人有一种飘飘欲仙的感觉。面对汹涌的云海，好想走上去。似乎站在云海上，白云就会带领你找到仙人。这种极致的美丽，诱惑着你跳下舍身崖。

Tips

❶ 三霄洞如今已经不对外开放。

❷ 当年惨案原因不明，可在洞外观赏，尽量不要进入洞内。

地理位置：中国重庆市

探险指数：★ ★ ★ ☆ ☆

探险内容：自然景观

危险因素：地滑

最佳探险时间：3-10 月

雪玉洞

✦✦✦✦✦✦✦✦ **如雪似玉奇洞** ✦✦✦✦✦✦✦✦

　　这是一个童话般的世界，洁白如雪的溶洞，质纯似玉的岩溶，构成了一处人间仙境。多姿多彩的奇异景观，栩栩如生的自然雕刻，一切都那么唯美，那么梦幻。清澈的水，似乎在梦幻中添加了一层空灵和神韵。

◼ 洞内的石笋在灯光的映衬下宛若七彩晶石

　　雪玉洞是目前国内已开发的洞穴中最年轻的溶洞，有着极高的观赏价值和科考价值。说起雪玉洞的发现，还有一段感人的故事。

　　1997 年的一天，丰都的一个叫李才双的人偶然间发现了一个溶洞，洞内有很多美丽的石钟乳、石笋等。他将这个发现告诉了丰都县政府，这则消息传遍了附近的地区。于

□ 雪玉洞得天独厚的自然环境，孕育出形态各异的钟乳石

是，疯狂的人们为了寻得宝物，进入溶洞内，把这些石笋弄掉带回家。

这种行为严重破坏了溶洞内的原生态景观，为了防止洞内景观再遭受破坏，李才双毅然决然地做起了"护宝人"。他在溶洞口搭建了简易的房舍，一住就是6年。因其年龄已大，加上溶洞内空气潮湿，不见阳光，他生病了。其子被父亲的毅力感动，一边照顾生病的父亲，一边和父亲一起看护溶洞。两父子为保护自然景观做出了极大的贡献，值得我们尊敬。

雪玉洞里80％的景观都如玉一般洁白，是世界少有的溶洞冰雪世界。如今，洞穴依然在成长，速度极快，如一个迅速成长的少女，而且景观形态精美，种类丰富，星罗棋布，让人叹为观止。

□ 钟乳石与冰雪融为一体，晶莹剔透，蔚为壮观

■ 长长的扶梯带你进入一个奇妙的世界

除此以外，雪玉洞的水和气也是一绝。洞中的水特别清澈、特别纯净、特别甜美、特别富有诗情画意。据测定，洞内空气中二氧化碳含量很高，常年温度在 16～17℃，具有医学疗养价值。据专家介绍，洞内空气中的负离子对某些疾病如重感冒、鼻窦炎、哮喘病有一定的疗效。

进入洞中，就如进入了一个冰雪世界，一眼望不到尽头。它的美、白、深，深深地震撼着人们的心灵。这里几乎所有景物都是白色的，难得一见。听着远远的水声，一路走来，恍如身在梦中。

雪玉洞是旅游界中的精品，她的出现曾经引起了洞穴学术研究界众多知名专家、学者的广泛关注和极高评价。

沿途亮点

雪域企鹅

这一酷似企鹅的大地盾，由碳酸盐岩构成。它高 4 米多，是世界所有洞穴中的石盾之王，举世罕见。地盾是与地面垂直生长的，故难以形成下垂的盾坠，这是与壁盾的重要区别。

石旗之王

世界最高的 8 米的垂吊度石旗，最早形成于 5 万年前，由水流进洞内并连续性浸透石壁和洞顶所致。由于是碳酸钙沉积物，所以石旗薄而透明，如蝉翼一般，晶莹剔透，堪称世界瑰宝。

Tips

❶ 在游览景区时，如果需要导游的话，要找正规导游。

❷ 在景区附近吃饭时，需注意菜单价格。

地理位置：中国北京市房山区
探险指数：★ ★ ★ ☆ ☆
探险内容：地下暗河
危险因素：道路湿滑险峻
最佳探险时间：全年

银狐洞

地下迷宫

两旁有汩汩翻滚的涌泉，头上是飞溅不息的瀑布。低矮处须俯身方可穿过，转瞬间天穹又不见其顶。置身其中，令人不知是在人间还是天上。

■ 形似猫头狐狸身的雪白方解石晶体——银狐

事情发生在 1991 年 7 月 1 日，在北京房山区的一个不知名的小村庄——下英水村，一位采煤者正在挖掘岩石巷道，不经意间挖到了溶洞，这个中国华北地区的水旱洞为一体的奇观——银狐洞才得以面见世人。

早在 4 亿多年前，奥陶纪石灰岩中就孕育着银狐洞，洞穴空间形成就用了几百万年的时间。银狐洞洞口海拔高度 207 米，相对高度 10 米，洞底面积大于 3 万平方米，容积 20 万立方米。主洞、支洞、横洞、竖洞、水洞、旱洞等各种不同类型的洞穴纵横交错，蜿蜒曲折，是北方最大的溶洞群，更是一座名副其实的地下迷宫。其中，享誉世界的当属"猫头银狐"了。它是一种方解石晶体，长 2 米，形似猫头狐狸身，通身布满毛绒状银刺，晶莹洁白，倒挂在洞中，顶部还有一条粗大的银狐尾巴，形象极为逼真，"银狐洞"也由此得名。

"银狐"的成因，众说纷纭。一部分人认为是由于雾喷而后凝聚形成的。还有一部分人认为，丝绒般的毛状晶体是含有这种物质的水从内部通过毛细现象渗透到外部而形成的。究竟孰是孰非，抑或二者都不是，而属第三种成因，目前还是一个谜。

银狐洞内不仅有石钟乳、石笋、石柱、石旗、石盾、石幔等形态各异的碳酸钙化合沉积物，还有大量逼真的石菊花、石珍珠等悬垂状钟乳石和晶莹剔透的方解石。

此外，在洞内地下106米深处，有一条长1000多米的地下暗河。河道多潭多岔，迂回曲折，宽窄不一，宽处空旷似大厅，窄处仅容一舟通过，高低不同，高时不见顶，低时需弯腰90°，穿越河道如探险一般，神秘莫测。河水清澈见底，经测定，水中含氡，又因其流经磁铁矿而成为天然磁化水，含有

🔲 含羞玉兔

🔻 古风悠扬的入口，进入后便可游览震撼人心的银狐洞

▪ 银狐洞景区内的钟乳石

人体所必需的多种微量元素，可增强人体细胞活力和生物活性。游览银狐洞，既可欣赏洞中美景，又可增长地质知识，还能强身健体，何乐而不为？

这座地下迷宫，此刻正施展着它无尽的魅力，吸引着人们前来一探究竟。

沿途亮点

周口店遗址博物馆

1929年，考古学家裴文中先生让北京龙骨山震撼了全世界，因为他在这里挖出了第一颗完整的"北京猿人"头盖骨化石。周口店遗址博物馆就坐落在龙骨山下，它是世界上最有价值的旧石器时代早期的人类遗址。博物馆有4个展厅，向人们讲述着当年北京猿人的生活状况。作为古人类遗址的重要代表，周口店保存了纵贯70万年的人类生存历史，为考古研究做出了重大贡献。

圣莲山

海拔930米，位于北京房山区西北部。站在山下遥望，山顶云雾缥缈，变幻无穷，拾级而上，方可欣赏高峰陡崖，参天古木，时有庙观庭阁隐于山中，更为道教的集结地。登上山顶，俯视山下，只见幽谷深邃，溪流潺潺，如此清幽之地，让人不得不动隐逸之心，真不愧是京西小五岳。

▪ 银狐洞景区的定海神针